# FLUXION PÉRIODIQUE

ET

## OPHTHALMIE MEMBRANE

### RÉFUTATION

DES OPINIONS GÉNÉRALEMENT ADMISES AU SUJET DE

## LA FLUXION PÉRIODIQUE

SUIVIE D'UN

ESSAI

# D'OPHTHALMOLOGIE

ET

# D'OPHTHALMOSCOPIE

VÉTÉRINAIRES

PAR

# M. Th. VIOLET

Professeur de clinique à l'École nationale vétérinaire de Lyon;
Membre de la Société nation⁸ d'Agriculture, Histoire naturelle et Arts utiles de Lyon;
Correspondant de la Société centrale de médecine vétérinaire, etc.

LYON
IMPRIMERIE DE L. BOURGEON
Rue Saint-Paul, 36.

1884

# FLUXION PÉRIODIQUE

ET

# OPHTHALMIE INTERNE

## RÉFUTATION

DES OPINIONS GÉNÉRALEMENT ADMISES AU SUJET DE

LA FLUXION PÉRIODIQUE

SUIVIE D'UN

ESSAI

# D'OPHTHALMOLOGIE

ET

# D'OPHTHALMOSCOPIE

VÉTÉRINAIRES

PAR

## M. Th. VIOLET

Professeur de clinique à l'École nationale vétérinaire de Lyon ;
Membre de la Société nationⁱᵉ d'Agriculture, Histoire naturelle et Arts utiles de Lyon ;
Correspondant de la Société centrale de médecine vétérinaire, etc.

LYON

IMPRIMERIE DE L. BOURGEON

Rue Saint-Paul, 36.

1884

# FLUXION PÉRIODIQUE

## ET

# OPHTHALMIE INTERNE

PAR

## M. Th. VIOLET

Tous les vétérinaires ont été certainement comme moi, frappés des efforts faits par nos auteurs de pathologie et de jurisprudence, pour différencier de l'ophthalmie interne la fluxion périodique, et déterminer les caractères pathognomoniques de cette dernière, soit pendant les accès, soit pendant l'intermittence. Et je ne crains pas de dire que la plupart auront été également étonnés de la divergence et du peu de sûreté des indications fournies par les auteurs, en même temps que de la difficulté qu'ils éprouvaient, dans la pratique, à faire concorder avec le classique tableau des trois périodes, les cas de fluxion qu'ils étaient à même d'observer.

Une étude prolongée — je n'ose dire approfondie — de la question, soit sur l'animal vivant et sur le cadavre, soit dans notre littérature spéciale, ainsi que dans de nombreux ouvrages qui traitent des affections oculaires de l'homme, m'a depuis longtemps convaincu qu'il règne parmi nous, au sujet de la fluxion périodique, au moins *deux erreurs*. On nous a enseigné et nous croyons que cette affection, à laquelle on assigne des symptômes, une marche, des terminaisons, des lésions extrêmement variés, constitue une entité morbide distincte : *première erreur*. On nous a enseigné et nous croyons que la fluxion est particulière aux solipèdes : *deuxième erreur*.

D'autre part, nos livres parlent d'une *ophthalmie interne* unique qu'ils décrivent d'une façon assez vague, tandis que les traités de pathologie humaine reconnaissent un grand nombre d'affections, qui ont leur siège sur les différentes parties du globe oculaire, et dont les noms sont absolument inconnus de la majorité d'entre nous ; en outre, ces traités ne parlent pas, comme les nôtres et à tout propos, d'une *ophthalmie* ou *fluxion périodique* : d'où peut venir cette différence ? L'œil de nos animaux domestiques et celui du cheval en particulier, serait-il donc construit suivant un type spécial qui s'éloignerait beaucoup de celui de l'œil humain ? D'aucuns répondront peut-être que oui. — N'est-il pas infiniment plus probable que les médecins, et notamment leurs spécialistes, ont mieux étudié que nous les affections oculaires ? Pour moi, tout en reconnaissant qu'il peut exister quelques différences très légères dans la structure anatomique de l'œil, suivant les espèces, — je parle des espèces supérieures, — je suis absolument partisan de la deuxième hypothèse. Il est incontestable que les médecins connaissent infiniment mieux que nous, l'œil et les maladies dont il peut être affecté. Je crois donc qu'il ne peut y avoir que profit à étudier les résultats auxquels ils sont arrivés, et à les appliquer dans une certaine mesure à notre médecine.

Oh ! je sais bien que certains diront que, sous prétexte de pathologie vétérinaire, je vais faire de la pathologie humaine : j'ai l'espoir de les détromper. Je répète que j'ai longuement étudié la question : en dehors d'une pratique déjà longue qui m'a permis de voir de nombreux cas maladifs, j'ai, notamment pour cela, mis à profit la situation exceptionnelle que j'occupe depuis quelques années à la tête du service de médecine opératoire, en ne laissant passer aucune occasion d'étudier les lésions oculaires, que présentent si souvent les sujets destinés aux travaux de chirurgie des élèves. Dans ces dissections, j'ai eu quelquefois recours au microscope ; mais, sous ce rapport, je me défie de moi-même, et j'éviterai pour l'instant de parler de ce que j'ai cru voir par ce mode d'investigation : en présence des divergences qui existent à tout propos entre les maîtres, je crois faire acte de sagesse. Du reste, j'écris surtout pour les praticiens ; j'ai l'intention de parler de choses qu'ils pourront toujours comprendre et voir eux-mêmes ; et je n'ai ni la prétention, ni les moyens de faire une monographie complète des affections oculaires. Je me propose seulement d'examiner si la *fluxion périodique* est une affection bien définie, toujours semblable à elle-même ; si elle a ses caractères spéciaux, invariables et constants ; en un mot, si elle constitue une entité morbide distincte. J'aurai aussi à rechercher si, comme on l'admet généralement, cette maladie est particulière aux solipèdes, ou si, au contraire, les animaux des autres espèces, et l'homme lui-même ne sont pas susceptibles de la présenter. Enfin, j'essaierai de débrouiller le chaos de l'ophthalmie interne dont — je le dis dès maintenant — la fluxion périodique constitue *non une forme unique*, mais *plusieurs* formes que je m'appliquerai à déterminer.

L'importance scientifique et pratique de ces questions, ne saurait échapper à aucun vétérinaire; il est donc parfaitement inutile de la faire ressortir.

J'aurai besoin pour mener à bien cette entreprise, de faire beaucoup de bibliographie; mais je ne m'occuperai guère que de ce qui a été écrit en France : les étrangers n'ayant pas, sous ce rapport, fait plus ni mieux que nous.

## I

### FLUXION PÉRIODIQUE.

Sans vouloir pour l'instant, donner une définition de cette maladie, et sans vouloir la décrire, je crois cependant utile d'en tracer à grands traits l'historique, et d'en rappeler les caractères généraux.

Les plus anciens hippiâtres dont nous possédions les écrits, distinguent deux maladies oculaires : celle qu'ils appellent l'*ophthalmie*, dont les symptômes se manifestent à l'extérieur du globe de l'œil, et dont le traumatisme serait la cause ; et celle qu'ils nomment la *lunatique* (1). Ce n'est qu'avec Solleysel que l'on voit surgir l'opinion, adoptée du reste par de la Guérinière et Garsault, de l'existence de plusieurs fluxions de causes internes, parmi lesquelles il distingue la lunatique qui se manifeste à plusieurs reprises jusqu'à ce qu'elle ait amené la perte de l'œil,

---

(1) Les anciens ont connu la fluxion : Végèce, dans son *Économie rurale*, nous apprend qu'ils donnaient le nom de *lunatiques* aux yeux qui étaient «tantôt couverts d'un dragon, et tantôt limpides»; de son côté, Dupuy, dans son livre intitulé : *De la fluxion vulgairement appelée périodique*, rapporte que Pline dit que les chevaux sont exposés à une maladie des yeux à la lune croissante.

Les Lafosse ne parlent plus de plusieurs fluxions de causes internes ; ils décrivent l'inflammation de la conjonctive ou *ophthalmie* (Lafosse fils), les lésions de la cornée transparente et les maladies de l'humeur aqueuse provenant toutes de causes externes ; enfin ils s'occupent de la lunatique qui reconnaît d'autres causes.

Chabert et Gohier donnent au mot ophthalmie la même signification que Lafosse fils ; mais Gohier dit que cette affection peut reconnaître pour causes, outre les violences extérieures, la répercussion de certaines maladies cutanées et le remplacement des dents de lait ; elle peut s'accompagner de trouble de l'humeur aqueuse. Ces auteurs ne parlent pas autrement d'une fluxion interne distincte de la périodique.

Huzard fils, U. Leblanc, Vatel et tous nos auteurs modernes, revenant enfin aux idées de Solleysel, ont nettement distingué — au moins dans leurs classifications — la fluxion périodique d'une autre ophthalmie interne.

Comme on le voit, la fluxion périodique paraît bien être un legs de la vieille hippiatrique : j'entends par là que l'*idée* d'une maladie des yeux bien définie, toujours semblable à elle-même et particulière aux Solipèdes, nous a été transmise par la tradition, ainsi que par les écrits des hippiâtres qui, du reste, ne s'occupaient pas des autres animaux. Cette *idée*, nous l'avons acceptée sans la contrôler, comme l'avaient acceptée eux-mêmes de génération en génération, les écrivains qui se sont succédé jusqu'à nos jours.

Une circonstance particulière a concouru à entretenir la foi : le cheval présentait très fréquemment, et presque à l'exclusion des autres espèces, une maladie oculaire qui paraissait être toujours la même, car le résultat définitif de son action était presque constamment la perte de la faculté visuelle.

Ce qui, dès l'origine, a appelé l'attention sur la fluxion périodique, c'est, — indépendamment de sa gravité — le retour des accès, ou si l'on veut, le *lunatisme*, la *périodicité*, l'*intermittence*, la *rémittence* : mots qui selon les temps et les écrivains, ont été employés pour répondre à l'idée particulière que l'on se faisait de la maladie, mais dont, en définitive, au point de vue particulier où nous sommes placés, la signification est la même.

Pour les hippiâtres, chaque lune amenait un accès : ce qui revient à dire que ceux-ci étaient fréquents. De nos jours, on a vu des chevaux avoir les yeux malades à quinze, vingt mois d'intervalle ; on en a conclu que l'intermittence pouvait être de quinze, de vingt mois.

Les symptômes qui reviennent ainsi à des intervalles plus ou moins éloignés, sont de nature inflammatoires ; mais parmi eux, il en est un qui, sous d'autres noms, a été signalé dès les premiers temps comme caractéristique : c'est l'*hypopion*.

Les écoles vétérinaires ayant été fondées, la *fluxion* fut étudiée de plus près, et décrite avec plus de détails. On reconnut des *phases*, des *temps*, des *périodes* pendant les accès : la succession de ces périodes fut à son tour donnée comme caractéristique. Cependant Huzard père, continuait à croire que la récidive seule pouvait servir de base au diagnostic.

Avec la loi du 20 mai 1838, la *fluxion périodique* devint vice rédhibitoire avec trente jours de garantie. L'animal pouvait être présenté à l'expert au déclin de la maladie : afin d'abréger le temps de la fourrière, — car la durée de l'intermittence pouvait être longue, — on crut pouvoir se contenter de la constatation d'un trouble nouveau précédant ou accompagnant la résorption du dépôt. Puis, quelques vétérinaires dirent que certains signes observés pendant l'intermittence pouvaient suffire. D'autres, revenant à l'opinion des anciens hippiâtres, déclarèrent que l'hypopion *jaune-verdâtre* ne se rencontrait que dans la maladie périodique. D'autres, enfin, dirent au moins implicitement, que le dépôt était tout, et que sa couleur ne signifiait rien ; qu'il pouvait être *blanchâtre, jaunâtre, grisâtre, jaune-verdâtre, rougeâtre*.....

Convaincu de la vérité de ces assertions, — des deux dernières surtout, — et en faisant l'application, on a déclaré *non fluxionnaires* des chevaux chez lesquels la maladie se montrait de nouveau quelques semaines ou quelques mois plus tard ; et, par contre, on a reconnu comme étant *fluxionnaires* des chevaux chez qui l'affection n'a plus reparu.

Quelquefois, il est vrai, l'œil était perdu par une première attaque ; mais la maladie n'en avait pas moins été qualifiée à tort d'*intermittente*. Par contre, il est juste de dire que la disparition — ou le non retour — de la fluxion, a pu être également observée après la constatation d'un deuxième accès ; mais ici, la récidive s'était produite au moins une fois.

Dans quelques circonstances, on a pu, pour expliquer l'erreur commise ou le démenti infligé par les faits, invoquer le changement de climat ; mais, souvent aussi, cette circonstance atténuante a fait défaut, au grand détriment da la considération de l'expert.

L'hypopion étant admis comme symptôme caractéristique, on a remarqué que dans certains cas il apparaissait tout-à-coup, sans symptômes précurseurs, sans inflammation extérieure, sans souffrance apparente, et l'on a considéré aussi comme fluxionnaires les yeux qui présentaient ce phénomène dans de telles conditions. Et cependant, on ne saurait nier qu'il n'y ait entre la physionomie de la maladie en question, et celle de la fluxion qui est donnée comme typique, de notables différences.

Ce que je viens de dire ne donne qu'une faible idée des divergences qui existent entre les écrivains; divergences qui ont fatalement leur contre-coup parmi les vétérinaires. C'est pourquoi j'ai cru devoir faire passer tout d'abord sous les yeux du lecteur, des extraits de la plupart de nos auteurs : c'est une tâche fort ingrate, je le sais, mais il ne faut pas oublier que je m'attaque à des préjugés, — des erreurs plusieurs fois séculaires, — et je ne vois que ce moyen de faire connaître, sans l'altérer, la pensée de ces mêmes auteurs, qui doivent me fournir presque exclusivement les éléments de ma réponse à la question dont j'aborde immédiatement l'examen.

On comprendra sans peine la pensée qui me guide : si la fluxion est toujours semblable à elle-même, les auteurs ne doivent pas varier dans le tableau qu'ils en font. Que si, au contraire, il y a défaut d'accord, ce sera la preuve que les symptômes indiqués par eux n'ont rien de spécifique, et que leurs descriptions se rapportent à des maladies différentes. . . . . à moins que l'on ne vienne prétendre qu'ils ont mal vu, et que leurs descriptions ne méritent aucun crédit : ce qui me semble complètement inadmissible.

## § I. La fluxion périodique constitue-t-elle une entité morbide distincte?

### A) — *Résumé analytique des auteurs.*

HORACE DE FRANCINI (1607) croit à l'influence de la lune et parle clairement de ce que nous nommons l'*hypopion*, lequel se formerait au *refaire* de la lune par la chute des humeurs *élevées et agitées*.

L'œil lunatique « se connaît à la clairté et à la tache ; pour ce que quasi toujours selon le changement de la lune, ou bien se voit clair, ou bien taché, encore que l'œil qui a été malade de cette infirmité ne retourne jamais beau, lucide et transparent, comme il était auparavant, pour ce qu'au refaire de la lune, le plus souvent commencent les humeurs élevées et agitées à descendre en l'œil sous la paupière. »

JEAN JOURDAIN (1655) copie presque textuellement le précédent ; mais selon lui, l'hypopion se formerait au *renouveau* de la lune *au-dessous de la prunelle*, puis s'élèverait pendant la croissance de la lune pour s'abaisser quand la lune diminue.

« On connaît l'œil lunatique à la transparence et à la tache, d'autant que selon le changement de la lune on le voit clair ou taché ; encore en ce que l'œil infirme ne retourne jamais lucide, ni beau, d'autant qu'ordinairement les vapeurs qui produisent ce mal, commencent à paraître au-dessous de la prunelle au renouveau de la lune, et à proportion de sa croissance, elle croît, en façon que l'œil de beau qu'il était auparavant est tout gras et couvert de nuage, sans que pour l'ordinaire il voie quoi que ce soit, et quelquefois paraît blanc, et quand la lune diminue, le mal aussi s'abaisse. »

MARKAM (1666) attribue surtout la lunatique à l'excès de travail, mais la lune a une grande influence. Le premier, il signale ce fait que quand les yeux sont mieux, ils paraissent *jaunâtres* et obscurs.

« Les yeux lunatiques sont les plus trompeurs et les plus incommodes de tous les yeux... Lorsque les yeux du cheval seront mieux, ils paraîtront jaunâtres et obscurs ; et quand ils ne se porteront pas bien, ils paraîtront rouges, en feu, irrités..... »

Solleysel (1713) qui, à mon avis, est bien le plus fort de tous les hippiâtres, distingue évidemment deux sortes de fluxion ou « maux d'yeux par causes internes » ; il signale le premier la couleur *feuille-morte* du dessous de la prunelle. Pour l'examen de l'œil il conseille l'emploi de la bougie, l'œil étant placé entre celle-ci et l'observateur : c'est l'éclairage *oblique* ou *latéral* encore usité de nos jours.

« Il y a des maux d'yeux par fluxion ou par accident c'est-à-dire, ou par cause interne ou externe..... » Dans la fluxion, les yeux sont « pleurants, chauds, rouges et enflés, et comme la fluxion ne vient pas pour l'ordinaire tout d'un coup, vous pouvez tous les jours remarquer les progrès du mal.... » La fluxion peut être sympathique ou idiopathique. Chez le cheval lunatique, « la fluxion est sympathique avec le cours de la lune, et idiopathique en ce qu'il y a dans l'œil le principe qui a causé cette sympathie..... » Lorsque « la fluxion y est, on voit à l'œil du cheval de la chaleur, de l'enflure et des larmes qui en tombent ; l'œil est obscur et couvert, qui sont les mêmes signes de la fluxion ; mais la plus assurée marque de la lune, est lorsque les yeux sont par le dessous de la prunelle de couleur feuille-morte, dans le temps de la fluxion seulement ; car passé ce temps, on ne s'aperçoit plus qu'il y ait eu cette couleur feuille-morte. »

Gaspard de Saunier (1734) parlant de la lunatique, se contente de dire que « le mal n'est pas sur la vitre, mais en dedans de l'œil. » Il ne signale pas d'autre fluxion, mais parle seulement de coups sur l'œil. Le meilleur moyen, selon lui, pour examiner la vue, c'est dans une écurie sombre avec une chandelle.

De la Guérinière (1751) reconnaît, comme Solleysel, deux fluxions de causes internes ; le premier il qualifie de *périodique* la maladie du cheval lunatique ; il croit peu à l'influence de la lune.

« L'on appelle un cheval lunatique, celui qui est sujet à une fluxion sur un ou sur les deux yeux, dont le retour périodique au bout d'un ou plusieurs mois lui obscurcit tellement la vue, qu'il n'en voit aucunement pendant des jours entiers..... Cette maladie se distingue de la fluxion ordinaire, en ce que dans la périodique on remarque au-dessous de la prunelle une espèce de couleur de feuille-morte. Du reste, au retour périodique près, les accidents sont les mêmes.... »

Garsault (1755) reconnaît plusieurs fluxions de causes internes qu'il différencie des *coups* en ce que dans ce dernier cas, le mal est « presque au plus haut point où il puisse aller, bientôt après l'accident arrivé », tandis que la fluxion augmente petit à petit et par degrés. Pour cet auteur, la lune n'a point de puissance sur les yeux ; il croit à l'hérédité et à l'influence des affections du tube digestif.

« La fluxion habituelle, dite fluxion lunatique, est la plus dangereuse et la moins guérissable des fluxions sur les yeux.... Elle vient de la même cause des autres fluxions, c'est-à-dire de l'obstruction des viscères et du bas-ventre », jointe à une prédisposition apportée par l'animal en naissant, « car le mal est héréditaire.... » Il cite comme symptôme : « c'est alors qu'outre la chaleur à l'œil, on y voit une enflure considérable et beaucoup d'eau claire et chaude qui en tombe ; il paraît obscur et couvert : on voit

la vitre rougeâtre ou couleur de feuille-morte en
bas, et trouble par en haut ; lorsque la fluxion est
passée, tous ces signes sont évanouis ; cependant
il en reste quelques vestiges.... »

LAFOSSE père (1766) a peut-être reconnu que la
couleur jaunâtre ou feuille-morte n'est pas un signe
certain de fluxion, ou, en d'autre termes, que son
absence n'est pas une garantie contre les récidives,
car il n'en parle pas ; sa description du reste est
assez incomplète.

« La maladie appelée lunatique, consiste en un
épaississement de l'humeur aqueuse occasionné
par son séjour dans la chambre antérieure de l'œil,
et par l'opacité de la cornée transparente. Elle est
souvent héréditaire et arrive surtout aux chevaux
élevés dans les marécages. »

VITET (1771) traite de la maladie qui nous occupe
sous le nom d'inflammation *intermittente* de l'œil...;
les symptômes se reproduisent à des intervalles variables jusqu'à ce que la *cataracte* soit formée.

LAFOSSE fils (1776) ne fait guère que répéter ce
qu'a dit son père ; de plus il prétend que la fluxion
arrive quelquefois à la suite d'un coup que l'animal
aura reçu sur la cornée transparente : « l'humeur
aqueuse s'épaissit, séjourne, devient âcre, corrode
l'uvée.... » Il conseille de donner « un coup de lancette dans la chambre antérieure, à la partie inférieure de la cornée, proche le ligament ciliaire, pour
ouvrir issue entière à cet épaississement. » Cette opération lui aurait réussi dans plusieurs circonstances ; il l'aurait pratiquée jusqu'à cinq fois chez le
même cheval.

Robinet (1777) reproduit ce que disent les Lafosse ; il prétend que c'est une erreur de croire à l'influence de la lune ; la lunatique est héréditaire ;
l'humidité atmosphérique, les marécages, les coups
sur l'œil peuvent la faire développer.

Chabert (1) professait que l'*ophthalmie* peut se montrer sans la fluxion périodique ; mais cette dernière ne
saurait exister sans l'ophthalmie. Selon lui, la fluxion
est une maladie inflammatoire des parties environnantes et constituantes du globe. Dans la marche
de cette affection, on peut reconnaître cinq temps ou
périodes : la première et la seconde correspondent
à la première de nos auteurs contemporains ; la troisième à la seconde, et enfin les deux dernières à la
troisième.

Pendant la troisième période de Chabert, l'humeur aqueuse s'éclaircit supérieurement, et l'on
voit se former un dépôt *blanchâtre* ou *jaunâtre* ; d'autrefois, et c'est ce qui arrive le plus souvent, il existe
au milieu de l'humeur aqueuse une matière floccon-
neuse, jaunâtre et *flottante* par l'effet des mouvements du globe. Sur quelques chevaux, elle se précipite par degrés et finit par disparaître, mais en
laissant presque toujours sur la membrane cristalline des signes de son existence.

Gohier, dans son cours de pathologie externe (2)
définit l'ophthalmie « l'inflammation de cette membrane muqueuse assez fine qui recouvre la partie
antérieure du globe, et la face interne des paupières, et à laquelle on a donné le nom de conjonctive.... Cette maladie serait assez fréquente dans les
jeunes chevaux, à l'époque où les dents de lait tom-

---

(1) Notes manuscrites du cours pratique recueillies par Gohier, 1796.
(2) *Cahiers* conservés à la bibliothèque de l'École de Lyon.

bent et sont remplacées par celles d'adulte; elle ne le serait pas moins pendant la sortie des crochets,.... alors elle ne serait que symptomatique et il y aurait presque toujours en même temps un léger trouble de l'humeur aqueuse; cependant dans plusieurs de ces animaux, elle paraîtrait dégénérer en fluxion périodique, suivie elle-même bientôt de cécité. »

Parlant du pronostic, ce professeur dit que lorsque l'ophthalmie s'accompagne de chémosis, « que la pupille est extrêmement petite, l'humeur aqueuse trouble, on doit craindre des accidents ultérieurs, tels que la diminution du volume du globe, l'opacité du cristallin, le resserrement permanent de la pupille. Dans ce cas, la maladie *a beaucoup de rapports avec la fluxion périodique et l'iritis,* et ses suites ne sont pas moins à redouter. »

Gohier donne de la fluxion périodique la définition suivante : C'est « une maladie des yeux qui se montre par accès, et qui consiste dans une inflammation de presque toutes les parties environnantes et constituantes du globe, avec trouble de l'humeur aqueuse et dépôt d'une matière *blanchâtre* ou *jaunâtre* au fond ou dans le milieu des chambres de l'œil, principalement de l'antérieure. » Il la compare à l'iritis de l'homme. Des cinq périodes de Chabert, il ne conserve que les trois premières, car, dit-il, dans le plus grand nombre des cas, *la quatrième et la cinquième* — nouveau trouble suivi de l'éclaircissement définitif — *sont inappréciab'es.* Quelquefois, mais rarement, la matière floconneuse de la troisième période *a l'aspect d'une goutte d'huile* au milieu de l'humeur aqueuse. « Après trois ou quatre accès, l'œil est plus petit, la pupille reste plus resserrée, elle a moins de mouvements ; le cristallin ou plutôt sa membrane devient terne, réfléchit *quelquefois* la couleur d'une feuille morte..... » Chez le cheval qui n'a eu qu'un ou deux accès, et qui ne présente pas tous les symptômes indiqués ci-dessus, ce n'est guère « qu'à un léger resserrement de l'iris qu'on peut s'en douter. »

On voit, en définitive, que Gohier reconnaît l'existence d'une ophthalmie externe qui, dans quelques cas, paraît dégénérer en fluxion périodique, et qui peut aussi avoir, par elle-même, des suites aussi graves que cette maladie ; mais il avoue implicitement par ses descriptions, qu'il est fort difficile de les distinguer l'une de l'autre.

Huzard fils, dans son *Esquisse de nosographie vétérinaire* (1820), distingue *l'ophthalmie (conjonctivite)*, *l'inflammation générale du globe de l'œil*, dont la suppuration est la terminaison la plus ordinaire, et enfin *la fluxion lunatique ou mieux la fluxion périodique*. Dans ce livre, ainsi que dans les diverses éditions de son traité *sur la Garantie et les vices rédhibitoires*, cet auteur divise l'accès de fluxion périodique, en trois époques ou périodes : ce sont celles qui sont encore reconnues par les classiques de nos jours. « Dans la deuxième période, l'inflammation paraît diminuer un peu d'intensité ; les symptômes qui la caractérisent se dissipent ; l'humeur aqueuse, qui était trouble et qui rendait la vision obtuse, reprend sa transparence ; une espèce de nuage *blanchâtre* se condense dans la partie inférieure, quelquefois passe à travers la pupille, et communique dans la chambre postérieure..... C'est surtout lors de la seconde période de l'accès, qu'on peut facilement distinguer l'affection au nuage *blanchâtre* qu'on voit flotter d'abord dans la chambre antérieure, et qui se précipite ensuite à la partie inférieure. »

Dans la troisième période, l'œil redevient malade ; le nuage disparaît, se fond dans l'humeur aqueuse qui perd de nouveau sa limpidité. »

Huzard signale aussi comme un caractère propre à la fluxion périodique, la *limpidité des larmes*, même à la troisième période.

On voit par ces citations que l'auteur ne parle pas de la couleur *feuille-morte* non plus que de l'état de la pupille. Le diagnostic de la fluxion lui semble difficile, car en présence d'une ophthalmie externe occasionnée par la présence, sous la troisième paupière, de l'épi d'une petite graminée, — et avant d'avoir trouvé ce corps étranger — il avoue avoir été dans le doute ; et cependant l'humeur aqueuse avait encore conservé toute sa transparence.

La société royale et centrale d'agriculture de Paris, a imprimé dans ses Mémoires (1823) un travail important sur la fluxion périodique dû à Boin, vétérinaire au dépôt d'étalons de Saint-Maixent (1).

Ce vétérinaire, bien placé pour étudier la maladie, la considère, ainsi que Chabert et Gohier, comme une inflammation de toutes les parties du globe oculaire. Selon lui, elle n'attaque que les Solipèdes, et sévit de préférence depuis la naissance jusqu'à l'âge de sept ans. Il divise, comme Huzard, l'accès en trois périodes et en fait un tableau à peu près semblable à celui de cet auteur. Dans la seconde, l'humeur aqueuse est moins trouble, la cornée lucide reprend sa transparence ; il se précipite, au bas de la chambre antérieure, une humeur blanchâtre qui prend la forme d'un cercle ou d'un croissant ; il n'est plus possible alors de méconnaître cette affection.

Le dépôt *blanchâtre* coïncidant avec l'éclaircissement de l'humeur aqueuse, constitue donc, pour Boin, un symptôme pathognomonique.

---

(1) Dupuy, *loc. cit.*

U. Leblanc, dans son *Traité des maladies des yeux* (1824), distingue une ophthalmie *externe*, une ophthalmie *interne* ou inflammation du bulbe sans récidive, et *des* ophthalmies *intermittente* et *périodique* ou inflammations de l'œil avec récidive. La première peut exister isolément; mais elle précède ou suit toujours l'ophthalmie interne. L'ophthalmie périodique — ce type de régularité quant au retour des accès — est rare ; elle ne s'observe que sur les animaux qui ont été exposés pendant longtemps à l'ophthalmie intermittente.

L'ophthalmie interne lorsqu'elle date « d'un long temps » se renouvelle par l'influence de la plus légère cause : elle constitue alors l'ophthalmie *avec accès périodiques*, ou plutôt, selon l'auteur, l'ophthalmie *intermittente*, car, dit-il, ses accès se montrent à des époques plus ou moins éloignées.

La fluxion intermittente n'est pas particulière au cheval ; elle attaque aussi les mulets, les ânes, les bœufs et les moutons.

Elle offre des symptômes très analogues à ceux de l'ophthalmie sans récidive ; quand l'œil n'a supporté que deux ou trois accès, *et qu'il a encore conservé ses dimensions*, il n'est guère possible de distinguer l'ophthalmie intermittente de celle qui ne présente pas ce caractère. Dans la description qu'il fait de la maladie, l'auteur ne divise pas l'accès en plusieurs périodes ; il dit, en parlant du larmoiement, que les bords et les angles des paupières *sont souvent garnis de chassie*.

Le dépôt qui se forme à un moment donné réfléchit une nuance *blanchâtre* ou *jaunâtre* ; quatre, cinq, six, sept jours après sa formation, il n'en reste que quelques vestiges peu apparents ; on remarque alors que « *la partie de l'iris qui servait de parois à l'enveloppe qui le contenait*, devient jaune-roussâtre ou feuille-morte.... Quelquefois, il y a hémorrhagie en même temps que trouble de l'humeur aqueuse ; l'animal souffre horriblement . . . . . . » L'auteur ne signale pas un deuxième trouble avant la disparition du dépôt.

Dans quelques-unes des observations qu'il publie, l'auteur parle *de la couleur verdâtre du fond de l'œil.*

« Le plus souvent, les deux yeux sont affectés alternativement ; il y a même toujours un intervalle plus ou moins long entre les accès, quelquefois huit jours, d'autres fois quinze jours, un mois, deux mois, six mois, etc. ; cela arrive notamment quand la fluxion est causée par un vice de constitution ou par une influence atmosphérique qui a agi en même temps sur les deux yeux ; autrement c'est l'œil qui a d'abord été altéré isolément, par une cause quelconque, qui seul est affecté de récidive. »

On voit par cette dernière phrase que U. Leblanc croyait, comme Lafosse fils, que la fluxion peut résulter de causes locales. Je constate aussi que ce savant praticien est le premier qui ait parlé de la couleur feuille-morte de l'iris, ainsi que de la couleur verdâtre du fond de l'œil. Pour lui, la récidive seule caractériserait véritablement l'ophthalmie intermittente. Parlant des dépôts des chambres oculaires, il les compare aux suites des inflammations de la plèvre et ils sembleraient offrir des caractères distinctifs : si l'ophthalmie est la suite d'une violence extérieure, le dépôt est très abondant et a tous les caractères du pus, il se résorbe difficilement. Dans le cas de fluxion périodique, le dépôt est « formé par une matière albumineuse de consistance visqueuse qui transsude de tous les points de la surface interne de la paroi des chambres aqueuses, et se précipite ensuite dans la partie la plus inclinée de ces cavités ; alors elle est réunie en masse jaune sale . . . . » ; la résorption s'en opère facilement.

Dans le cas où les deux yeux sont compromis, U. Leblanc conseille de sacrifier le plus mauvais pour *fortifier* l'autre : il cite plusieurs résultats heureux de cette pratique.

Les accès répétés d'ophthalmie intermittente détériorent l'œil d'une infinité de manières : l'œil diminue de volume ; la cornée s'épaissit, devient inégale, opaque ou de couleur ardoisée, ou enfin offre une injection de vaisseaux sanguins variqueux ; les chambres contiennent peu d'humeur aqueuse ; celle-ci est parfois remplacée par un liquide de couleur et de consistance de la lie de vin rouge ; l'iris, presque totalement insensible est feuille-morte ou jaunâtre, ou parsemé de points blancs dans quelques régions ; cette membrane est amincie ou éraillée vers son bord pupillaire ; parfois on voit des lambeaux qui s'en sont détachés flotter dans l'humeur aqueuse ; la pupille est très large ou fortement resserrée ; la membrane cristalline devient opaque, et ses vaisseaux apparents, de manière que le cristallin paraît couvert d'une membrane injectée ; la lentille devient elle-même opaque ou réfléchit des couleurs variées : tantôt elle est verdâtre, noirâtre, tantôt jaunâtre ou d'un blanc sale ou mat ; elle peut se déplacer et tomber spontanément dans la chambre postérieure : elle peut aussi être résorbée. L'humeur vitrée ainsi que sa membrane devient opaque, change de consistance et prend ordinairement une nuance vert de mer. Le bulbe, toujours plus petit, peut rester transparent et laisser apercevoir dans son fond une teinte fauve jaunâtre. La rétine est souvent privée de sensibilité, etc.

Dans ce tableau, Leblanc a évidemment accumulé en les attribuant à la fluxion périodique, toutes

les lésions auxquelles peut donner lieu l'inflammation des diverses parties de l'œil.

On retiendra que Leblanc faisait une distinction
entre l'O. intermittente, et l'O. périodique ; la première se reproduirait à des intervalles irréguliers,
parfois très éloignés, et guérirait souvent d'une
façon complète; l'O. périodique, au contraire, aurait
des accès à intervalles rapprochés et réguliers, laissant toujours des traces de leur passage, lesquelles
prédisposeraient à de nouvelles attaques.

GODINE a publié en 1828 ou 1829, dans le *Journal
pratique*, deux articles sur la fluxion périodique (1).
Il divise les symptômes en quatre périodes dont les
deux dernières correspondent à la troisième que
nous connaissons. L'hypopion résulte de la précipitation d'une matière concrétée, puriforme, de couleur
*jaunâtre*. Dans la quatrième période, la transparence
de l'œil est troublée ; le fond réfléchit une couleur
d'un vert foncé d'où lui vient le nom de glaucome
ou *œil cul-de-verre*.

C'est le symptôme signalé par Leblanc dans quelques-unes de ses observations ; toutefois, il ne le
fait pas figurer dans le tableau qu'il trace de la
fluxion.

VATEL, dans ses *Éléments de pathologie vétérinaire*
(1828) distingue une ophthalmie interne *continue* et une
ophthalmie interne *intermittente ou plutôt rémittente*. Il
fait de ces affections une inflammation des membranes séreuses de l'œil. Il divise l'accès de fluxion
périodique en trois époques : ce sont les mêmes qui
ont été reconnues par Huzard. Sa description, trop
succincte, ne nous apprend rien de nouveau. Il re-

______

(1) Dupuy ; *loc. cit.*

connaît que quelquefois un œil est seul affecté ;
d'autrefois ils le sont tous les deux ; le plus souvent
ils le sont l'un après l'autre et se perdent successivement. — La terminaison est l'opacité du cristallin.

HURTREL, dans son *Dictionnaire de médecine et de
chirurgie*, 2ᵉ édition (1839), reconnaît une O. *externe*
et une O. *interne* ; celle-ci peut passer à l'état chronique, comme aussi elle est susceptible de devenir
intermittente : *c'est lorsque la phlegmasie gagne la membrane propre de la chambre antérieure*. Hurtrel divise
l'accès en cinq temps : dans le premier, la cornée
présente un aspect *blanchâtre*, l'iris est resserré ;
dans le second, la couleur de l'humeur est *noirâtre*
elle est souvent parsemée de sang. Dans le troisième temps, l'inflammation s'apaise, l'humeur
aqueuse commence à recouvrer sa transparence,
en laissant voir ce qu'elle a d'opaque se condenser
sous forme d'un nuage, et se convertir en une matière floconneuse *blanchâtre, jaunâtre ou rougeâtre*. Au
quatrième temps, nouveau trouble de l'humeur
aqueuse, et enfin, au cinquième temps, seconde précipitation.

Dans le plus grand nombre des cas, et après un
temps variable, le second œil devient malade à la
suite de la guérison du premier ; quelquefois, souvent même, il reste sain, quoique d'autres fois, mais
plus rarement, les deux yeux soient entrepris en
même temps.

La marche de la maladie n'est pas toujours uniforme ; elle est parfois très prompte : six, huit, dix,
douze, vingt-quatre heures suffisent à l'entier développement de tous les phénomènes. On a vu quelquefois l'œil détruit en un seul accès.

Après un ou deux paroxysmes, en y regardant de
très près, on peut apercevoir une petite tache *opaque*

*trouble* ou *jaunâtre*, et quelquefois des *segments comme sanieux* qui paraissent dans la pupille ; de plus, celle-ci se maintient épaisse, injectée, blafarde. Plus tard, l'œil diminue de volume, la pupille *est plus dilatée* qu'elle ne devrait l'être, *même largement dilatée* ; sa mobilité est amoindrie ou totalement perdue, et l'iris réfléchit souvent une teinte *feuille-morte*. Plus tard, encore, le cristallin perd sa transparence, ou le corps vitré prend la nuance désignée vulgairement sous le nom de *cul-de-verre* : enfin l'œil achève de s'atrophier.

Pendant les premiers accès, le diagnostic de la fluxion est à peu près impossible à établir ; ce n'est même qu'après quelques retours, et en comparant les phénomènes qui se présentent à l'investigation, qu'on peut être amené à se prononcer sans être exposé à se tromper. — Dans l'ophthalmie périodique, on observe entre autres symptômes, que l'engorgement ou plutôt la tuméfaction des paupières, surtout de la supérieure, *ressemble à un boursouflement* ; des larmes très abondantes excorient les téguments ; mêlées à la chassie, elles agglutinent les paupières, etc ; — l'humeur aqueuse en se troublant, *affecte successivement diverses nuances de couleur* : c'est ce trouble qui est le signe vraiment pathognomonique de la fluxion, c'est celui qui en établit décidément le diagnostic.

Cependant, en s'occupant de l'O. interne qui *ne sera peut-être pas périodique*, l'auteur avait déjà fait connaître le trouble de l'humeur aqueuse comme un des symptômes de cette maladie ; il est vrai qu'il n'avait pas parlé des changements successifs de nuance.

Nous ferons remarquer aussi qu'il décrit dans les deux derniers temps de l'accès, des symptômes que Gohier déclare précisément être inappréciables dans le plus grand nombre des cas.

L'ophthalmie intermittente finit par amener la cécité en produisant l'*amaurose*, la *cataracte*, le *trouble permanent de l'humeur aqueuse*, ou même la *fonte* du globe de l'œil.

GALISSET et MIGNON, dans la première édition de leur *Nouveau traité des vices rédhibitoires* (1842) ainsi que dans celles qui ont suivi, divisent comme l'on sait, l'accès en trois périodes.

Pendant la première, le *larmoiement* est tellement abondant, que les larmes irritent la peau des larmiers, la dénudent de poils et finissent même par y produire une petite érosion *en forme de rigolle*...

Pendant la deuxième période, « les humeurs s'épaississent, puis se condensent en partie et forment des flocons le plus souvent *blanc verdâtre* nuancés *de rouge* ou ressemblant *à de l'albumine coagulée ;* ces flocons nagent, puis se précipitent et tombent au bas de la chambre antérieure. Alors la vue redevient possible ; la vitre reprend peu à peu sa diaphanéité et *l'œil* sa transparence, *en réfléchissant cependant une teinte de feuille-morte.* Le larmoiement toujours clair et comme séreux, *et non de plus en plus épais, purulent comme dans les affections ordinaires de l'œil s'amoindrit....* »

Dans la troisième période, « .... les flocons coagulés se dissolvent ; ils troublent l'humeur, puis bientôt ils disparaissent.... »

Les auteurs n'indiquent pas l'état de la pupille.

« Il n'est pas toujours facile, possible même, de distinguer dans chaque accès ces trois périodes. Au début de la maladie, les accès sont sans phases, c'est une véritable ophthalmie simple, *et ce n'est guère qu'après quelques accès* que l'affection se présente *avec son triple caractère pyrexique.* »

Le précipité floconneux est le véritable signe spécifique de la fluxion périodique pendant l'accès, de même que la teinte feuille-morte de l'œil l'est pendant la rémission.

« Quand la maladie est récente, l'œil après l'accès, n'a rien qui puisse autoriser le moindre soupçon de fluxion périodique ; mais si l'affection date de quelque temps, elle a laissé dans l'organe de la vue des signes irrémédiables de son existence : ainsi... la peau des larmiers est *épilée*,... les vaisseaux de la conjonctive sont comme *variqueux* ; ils rayonnent jusque sur la sclérotique... La pupille semble *dilatée*..., l'œil n'a plus sa transparence et sa couleur normales. A une diaphanéité indécise, semblab'e à celle de lames minces d'opale, se joint une teinte *jaunâtre* qui nuance désagréablement le *fond* de l'œil ordinairement bleu... Le corps vitré prend une couleur *terne et foncée*... »

La cataracte est le terme ordinaire de l'affection.

Le tableau tracé par les auteurs que nous venons de citer, emprunte beaucoup, comme on a pu le constater, à celui que Huzard avait fait lui-même de la fluxion.

HAMON aîné a adressé, en 1847, à la société centrale de médecine vétérinaire, un important travail sur la fluxion périodique qu'il préfère appeler *ophthalmie interne rémittente* (1). Comme Leblanc, il ne partage pas la durée de l'accès en périodes.

Lors d'un premier accès, les symptômes sont habituellement ceux d'une ophthalmie simple, parmi lesquels l'auteur ne comprend pas le trouble de l'humeur aqueuse ; il y a écoulement de larmes *en petite quantité*. Mais le plus ordinairement, les choses ne se passent pas ainsi : « dans le milieu, ou le plus souvent, à la partie inférieure de la chambre antérieure, se montrent des flocons albumineux ou pu-

---

(1) *Mémoires de la Société*, t. II.

riformes, plus ou moins volumineux, isolés parfois
ou rassemblés en un seul point de la chambre antérieure, qui se condensent dans le fond de l'œil, en
formant un dépôt de couleur jaune verdâtre ou de
feuille-morte, lequel constitue le symptôme essentiel
et pathognomonique de cette affection.

« Dans quelques cas, c'est du deuxième au troisième jour, après les symptômes inflammatoires du
globe oculaire, que l'on voit se dessiner, dans l'humeur aqueuse, de légers flocons d'abord isolés,
flottant dans différents points de la chambre antérieure, sous la forme de linéaments d'un blanc jaunâtre, de grandeurs différentes, qui obstruent parfois la pupille et qu'une pression légère, exercée sur
le globe de l'œil, déplace facilement. Après un ou
deux jours, ces filaments se précipitent à la partie
déclive de la chambre antérieure, en suivant sans
doute les lois de la pesanteur, et forment un segment jaunâtre à *convexité supérieure*, qui caractérise
essentiellement la maladie.

« Fréquemment aussi, le dépôt pathognomonique
se montre sous la forme d'un sédiment plâtreux,
occupant seulement l'espace circonscrit dans la
partie inférieure de la chambre antérieure ; ou bien,
dès le deuxième et le troisième jour, lorsque l'irritation est violente et que les vaisseaux phlogosés n'ont
pu résister à contenir tout le sang qui y était appelé,
le précipité de la chambre antérieure forme un dépôt
énorme, mélangé de stries rougeâtres et même de
sang épanché, qui teint d'une nuance rouge violacée toute l'humeur aqueuse dans laquelle il est
suspendu....

« ..... Le dépôt floconneux peut varier, il est
vrai, sous le rapport de la forme, de la couleur et du
volume, suivant les individus et la violence de la
maladie.....

« Lorsque le dépôt albumineux est arrivé à son sommum de volume et de condensation, il demeure stationnaire pendant quelques jours ; puis quelquefois, et *non pas toujours*, comme on l'a dit ainsi que de la cornée, l'humeur aqueuse se trouble de nouveau, *comme si le dépôt formé dans la chambre antérieure s'y mélangeait*, et la cornée prend une teinte plus opaque. C'est de ce moment que date la résorption ..... L'œil alors redevient clair, tout en conservant, dans la majorité des cas, une teinte plus ou moins ardoisée qui n'existait pas auparavant ; la cornée à qui se rapporte cette nuance, est couverte d'une multitude de vaisseaux sanguins qui passent sur la sclérotique ; la pupille est aussi sensiblement rétrécie ; on remarque quelques points blancs sur le cristallin...

« Il arrive quelquefois que l'on ne s'aperçoit pas de l'existence de la maladie après un premier ou un deuxième accès, bien qu'il y ait eu un dépôt albumineux dans la chambre antérieure de l'œil, surtout si l'inflammation qui l'a produit n'a pas été trop intense.....

« On voit très souvent, après qu'un accès a sévi sur un œil, ou même pendant qu'il existe encore, l'autre œil devenir le siège de symptômes très intenses, qui marchent rapidement vers une terminaison funeste; dans ces cas, dès le premier accès, l'œil attaqué le second est perdu, tandis que le premier affecté recouvre sa transparence et presque son intégrité pour ne plus éprouver d'accès; on y remarque seulement, comme trace de la maladie, quelques taches blanches dans le cristallin.... »

Un animal peut rester borgne ou aveugle des suites d'une première attaque d'ophthalmie rémittente.

Assez fréquemment, les yeux qui, à la suite d'un ou deux accès de fluxion, « avaient conservé leurs facultés pendant quelque temps, cessent peu à peu d'être impressionnables à la lumière, sans qu'aucun nouvel accès soit intervenu, et sans que les humeurs de l'œil aient perdu leur transparence, et l'organe son volume normal ; dans ces cas, c'est la rétine qui ne fonctionne plus ; l'ouverture pupillaire est relâchée et comme déchirée ; le cristallin reflète une teinte blanche opaline ; il s'avance dans la chambre antérieure et vient même parfois toucher la face postérieure de la cornée lucide.

« Il y a des cas où, brusquement, les yeux parfaitement beaux la veille, se remplissent le lendemain, sans inflammation préalable, d'un dépôt albumineux, ayant une teinte jaune feuille-morte, qui occupe toute la moitié inférieure de la chambre antérieure, et qui est tellement visible qu'on l'aperçoit à dix pas de distance, tant il tranche sur les autres teintes de l'œil. Ce qu'il y a de singulier dans ces cas, c'est que les paupières ne sont pas tuméfiées, qu'elles ont presque leur teinte et leur degré d'ouverture normale, et que la cornée lucide demeure parfaitement transparente. L'animal ne paraît nullement souffrir de cette affection qui est une ophthalmie rémittente parfaitement caractérisée, et qui amène promptement la perte de la vue. La résorption de ce produit épanché s'opère toujours, dans ce cas, au bout de quelques jours et sans nouveau trouble de l'œil, tout en laissant dans ce dernier organe des traces profondes de son passage....

« Les terminaisons de la maladie sont : 1° le rétrécissement de l'ouverture pupillaire et la paralysie de la rétine ; 2° la cataracte, auxquelles on peut ajouter l'atrophie du globe.... Sur vingt chevaux atteints, dix-huit au moins sont affectés de cataracte. »

Le minimum du temps qui peut séparer les accès est d'environ cinq à six semaines ; le maximum dix mois, un an, quinze et même vingt mois. On peut porter en moyenne à quatre mois la durée de l'intermittence.

Selon l'auteur, dans l'ophthalmie aiguë simple, il ne se forme pas de dépôt floconneux ; mais comme chez certains sujets, un premier ou un deuxième accès légers de fluxion peuvent n'en pas présenter davantage, le cas est embarrassant : « on peut seument *soupçonner* la fluxion périodique ; aller au-delà serait imprudent. Ces soupçons sont surtout fondés lorsque l'ophthalmie n'existe qu'à un œil et que celui qui paraît sain présente ainsi que cela se voit souvent, quelques vestiges d'affections anciennes, — vestiges que nous avons énumérés plus haut. Mais il n'en est pas moins vrai qu'un expert appelé en pareil cas ne peut et ne doit se prononcer, car il s'exposerait à commettre de graves erreurs. Il n'y a qu'à mettre l'animal en fourrière et attendre l'apparition d'un nouvel accès. »

Un dépôt peut se former à la suite de l'ophthalmie très intense qui résulte de l'introduction, sous les paupières, de balles d'avoine qui s'implantent dans la muqueuse ; il en est de même à la suite de coups violents. Ce dépôt diffère peu de celui que l'auteur considère comme absolument caractéristique ; mais la présence du corps étranger dans le premier cas, et les traces laissées par le traumatisme dans le second, permettent d'éviter toute erreur.

L'ophthalmie symptomatique des affections intestinales peut se confondre avec la fluxion dont elle a tous les caractères physiques ; l'œil qu'elle atteint est désormais condamné à subir les attaques successives de la fluxion périodique.

Ainsi qu'on a pu s'en convaincre, le travail de Hamon touche à un grand nombre de points intéressants; nous aurons à y revenir plus tard.

MARIOT-DIDIEUX, dans un mémoire récompensé par la Société centrale de médecine vétérinaire (1), en même temps que celui dont l'analyse précède, dit que *l'on peut distinguer avec certitude* les symptômes de la fluxion de ceux d'une ophthalmie ordinaire; mais il faut une grande habitude pour bien saisir la différence qui peut exister entre l'œil sain et l'œil malade : il y a dans l'état de ce dernier quelque chose qui frappe les sens, mais qu'on transmet difficilement par la parole.

Dans l'ophthalmie aiguë ordinaire, le trouble de la cornée peut être complet; il est excessivement rare que cette grande opacité de la vitre oculaire existe dans la fluxion : elle peut donc être donnée comme un caractère de l'ophthalmie simple. Si dans cette dernière maladie, le trouble de la cornée n'est que partiel, on remarque souvent sur les parties encore transparentes, des petites plaques violettes qui semblent dues à la décomposition des rayons lumineux. S'il est alors possible d'apercevoir l'iris *et de constater qu'il ne reflète pas une teinte jaunâtre ;* de même *s'il n'y a pas de dépôt albumineux jaunâtre* dans la chambre antérieure, soit en face de l'ouverture pupillaire, soit à la partie basse de la chambre, on doit croire encore à l'existence de l'ophthalmie aiguë ordinaire.

Dans la fluxion périodique, le trouble de la cornée lucide offre à son début un reflet jaunâtre qui lui est propre; il en est de même de l'iris. Un flocon apparaît en face de l'ouverture pupillaire; il est plus épais dans son centre d'où s'irradient irrégulièrement des filaments plus ou moins déliés; il tend à se préci-

_______

(1) *Mémoires de la Société*, t. II.

piter au bas de la chambre. Si la maladie est bénigne la couleur du flocon est *jaunâtre* ; la maladie sévit-elle avec intensité, cette couleur est d'une teinte *rougeâtre*. Lorsque la résorption du dépôt est achevée, on ne remarque plus à la partie inférieure de la cornée lucide que *quelques stries bleuâtres* qui ne tardent pas elles-mêmes à disparaître.

Pendant l'intermittence, il existe *toujours* des caractères suffisants pour pouvoir affirmer que le cheval est atteint de fluxion périodique.

Après les premier, deuxième et troisième accès, en examinant les yeux du cheval dont le corps est p'acé dans un fond sombre, tandis que la tête seule est exposée à une lumière vive, on découvre entre eux une différence plus ou moins prononcée, parce que ou bien, ce qui est le cas le plus ordinaire, la fluxion n'en a attaqué qu'un seul ; ou bien, si les deux ont été atteints à la fois, ce qui est plus rare, l'affection a été plus violente sur un œil que sur l'autre : les traces, alors, sont plus visibles dans ce dernier.

La lumière réfléchie par le fond de l'œil qui a été le plus malade, ou le seul malade, *a quelque chose de plus intense, et elle se nuance très légèrement d'une teinte jaunâtre ; le globe oculaire paraît plus lumineux* : cela résulte d'une diminution dans la quantité de « matière noire » qui tapisse la choroïde. Dans « la chambre postérieure (1) » de l'œil qui semble ainsi plus lumineux, on aperçoit *de petits filaments irréguliers* qui paraissent comme suspendus au milieu des humeurs : ces filaments ne se rencontrent que dans la fluxion périodique ; ils paraissent être le résultat de l'inflammation du tissu fin et délié de la membrane hyaloïde.

---

(1) La suite fait comprendre que l'auteur a en vue le corps vitré.

Après trois, quatre accès et plus, le globe de l'œil paraît, dans une foule de cas *plus petit* ; la pupille *resserrée, se dilate beaucoup moins* dans l'obscurité, *et finit par ne plus se dilater du tout* ; les teintes du fond de l'œil sont plus foncées *avec une nuance verdâtre* plus terne que dans l'amaurose. On y voit toujours les mêmes filaments irréguliers qui ont été indiqués plus haut.

Sur cent chevaux fluxionnaires, les quatre cinquièmes deviennent aveugles ; l'autre cinquième offre cette particularité que les accès se montrent toujours sur le même œil, et l'animal reste borgne. Dans ces cas, l'affection très violente au début s'est manifestée par des accès moins nombreux. L'opacité du cristallin et l'atrophie de l'œil sont les terminaisons les plus habituelles chez les chevaux fluxionnaires ; cette même atrophie est très rare chez ceux qui ne perdent qu'un œil ; on constate chez eux la cataracte et quelques cas d'amaurose.

Ainsi que Leblanc et Hamon, Mariot-Didieux ne décrit pas plusieurs périodes dans un accès de fluxion. Pour lui, il n'y a pas de doute que la fluxion périodique ne succède fort souvent à une *gastro-entéro-hépatite*. Nous aurons également à revenir sur l'intéressant travail de ce vétérinaire.

M. Rey, dans le *Dictionnaire général de méd. et de chirurgie vétér.*, publié en 1850, par le personnel enseignant de l'école de Lyon, reconnaît dans chaque accès trois périodes.

« *Première période* : symptômes de l'ophthalmie ordinaire ; tuméfaction et rougeur des paupières, *larmoiement* ; photophobie, trouble de l'humeur aqueuse *cornée blanchâtre arborisée ; contraction de la pupille*..... ;

« *Deuxième période :* trouble de l'humeur aqueuse ; diminution dans l'intensité des symptômes ; formation et précipitation d'un hypopion dans la chambre antérieure de l'œil.

« *Troisième période:* réapparition des premiers symptômes de l'inflammation ; *la transparence des humeurs est troublée de nouveau ; les flocons coagulés se dissolvent ;* l'œil paraît revenir à son état normal.

« L'autre œil reste *quelquefois* intact ; souvent il est attaqué peu de jours après. L'accès ne présente pas toujours cette marche régulière.

« Pendant la rémission ou rémittence, si la maladie est récente, il n'y a rien ; si elle est ancienne... le globe de l'œil paraît plus petit et présente une teinte de feuille morte,.... la pupille est resserrée...»

« Chez le cheval, il y a plusieurs ophthalmies simples qu'on peut confondre avec la fluxion périodique ; ce sont surtout celles qui sont symptomatiques de la gastro-entérite et de la gastro-hépatite. Toutefois, dans ces affections oculaires, la périodicité n'est pas bien démontrée.

« On n'a pas encore pu déterminer irrévocablement les signes pathognomoniques de l'ophthalmie périodique. Pour beaucoup de praticiens, c'est la périodicité seule, *c'est à-dire le retour d'un accès,* qui est son caractère essentiel. Il est des vétérinaires qui se contentent de constater *le trouble nouveau des humeurs* avant la disparition des flocons déposés dans l'humeur aqueuse. A ce symptôme, il faut en ajouter un autre *tout aussi positif :* la teinte de feuille morte du fond de l'œil. »

La durée de l'intermittence est en moyenne de quarante à soixante jours ; les extrêmes sont de huit jours et quinze mois.

On voit que si, pour M. Rey, le diagnostic de la fluxion est difficile, le *trouble nouveau* des humeurs et *la teinte de feuille morte du fond de l'œil* constituent cependant des signes d'une très grande valeur.

M. Lafosse, dans son *Traité de pathologie* vétérinaire, tome 2ᵉ (1861), indique parmi les signes de l'ophthalmie interne, le rétrécissement de la pupille, le trouble des humeurs et, le plus souvent, de la cornée lucide, laquelle en outre, s'injecte plus ou moins fortement de la circonférence au centre.

Il divise, comme d'autres auteurs, l'accès de fluxion en trois périodes. A la première, lorsque la maladie attaque un animal *pour la première fois et qu'elle est très intense,* on constate, outre l'injection de la conjonctive, le larmoiement et le trouble des humeurs, que « la vitre elle-même devient opaque, à sa circonférence d'abord ; dans l'anneau blanchâtre qui se produit et qui tend à s'élargir, se dessinent parfois des capillaires sanguins en forme de rayons convergents ; on a même vu *le bord interne de l'iris se colorer d'une teinte rouge....* »

« La deuxième période s'annonce par un arrêt, une diminution des symptômes de l'inflammation ; « la vitre perd son opacité, les humeurs s'éclaircissent. Au bas de la chambre antérieure se dépose un flocon *blanc* ou *jaunâtre,* quelquefois *rougeâtre,* presque toujours flottant, par exception adhérent.... On l'a vu occuper les deux chambres à la fois, ou bien se diviser en fragments qui, en certain nombre, adhéraient aux grains de suie aux bords de l'ouverture pupillaire.....

« A la troisième période, l'hypopion se dissout ; l'inflammation se ravive ; le *trouble des humeurs reparaît* ; l'œil revient au même état qu'à la première période.....

« Les accès se montrent le plus souvent dans un seul œil ; parfois, dans les deux en même temps. Il peut encore arriver qu'ils alternent dans les deux yeux. Assez souvent, lorsque le mal s'est fixé dans un seul œil, il disparaît après l'avoir détruit, en sorte que l'autre reste intact et tout-à-fait propre à ses fonctions ; ce qui ne veut pas dire qu'il ne puisse être envahi à son tour. »

La constatation successive des périodes permet un diagnostic certain ; toutefois cette constatation n'est pas absolument de rigueur : « *l'hypopion avec éclaircissement des humeurs*, en l'absence d'une maladie dont l'ophthalmie peut être le symptôme, *est un signe qui, chez les solipèdes, n'a jamais été constaté* dans une autre ophthalmie que dans celle de nature périodique. A lui seul, il a donc une très grande valeur diagnostique ; *mais jamais il n'existe isolé* ; toujours il s'accompagne ou de larmoiement, d'injection de la conjonctive, de rapprochement des paupières, de *resserrement* de la pupille, d'un reflet feuille morte du *fond* de l'œil..... »

Il y a plus : selon M. Lafosse, la constatation des lésions de l'intermission peut suffire. Ces lésions sont assez ordinairement en rapport, pour leur gravité, avec le nombre des accès. Néanmoins, on a vu, M. Lafosse lui-même a observé des cas où il avait suffi d'un seul accès pour désorganiser l'œil entièrement, *ou pour le priver tout à-fait de ses facultés fonctionnelles.....*

« Les *moindres* altérations qui puissent succéder *au premier accès* sont : une teinte terne, feuille morte ou *glaucome*, reflétée par les milieux de l'œil ; le rétrécissement de la pupille *et la déviation de l'axe visuel qui se dirige en bas.....*

« Après le deuxième, et à plus forte raison, le troisième accès, ces lésions sont plus prononcées, et il s'y en ajoute d'autres..... *Les cils*, surtout ceux de la paupière inférieure, *se sont raréfiés* ; les larmes ont même, parfois, produit une érosion de la peau des larmiers. Des points blancs, opaques, ou noirs, se dessinent dans le cristallin ; des tractus ,des flocons pseudo-membraneux, *adhèrent aux grains de suie, à la petite circonférence de l'iris*, et traversent parfois, complètement, le champ de la pupille.....

Les altérations de l'œil que M. Lafosse cite comme pouvant être consécutives à la fluxion sont nombreuses : la cataracte, les *taies*, l'*albugo*, l'*hydrophthalmie* , l'amaurose (même après un seul accès,) l'atrophie *accompagnée des diverses lésions de l'ophthalmie interne*.

Contrairement à beaucoup d'écrivains, M. Lafosse est bien affirmatif en ce qui touche les symptômes d'un premier accès, ainsi que les *moindres* lésions qui peuvent se montrer consécutivement. On remarquera toutefois qu'il parle d'un premier accès *très intense*, ce qui permet de douter de l'existence constante de ces moindres lésions.

En ce qui concerne l'ophthalmie symptomatique, l'auteur semble la différencier nettement de la fluxion périodique dont elle peut présenter les symptômes : cela paraît, du moins, résulter du passage rapporté ci-dessus, relatif à l'importance de l'hypopion comme signe diagnostique.

M. REYNAL, qui a signé l'article FLUXION PÉRIODIQUE du *Nouveau dictionnaire pratique*, tome 7ᵉ, (1862) a beaucoup emprunté aux mémoires de Hamon et de Mariot-Didieux. Il déclare tout d'abord en traitant des symptômes que, *souvent*, ceux de la fluxion sont difficiles à distinguer de ceux de l'ophthalmie simple, à type continu et due à des causes essentiellement externes.

Il divise, lorsque la fluxion est régulière, l'accès en trois périodes; mais ce mode de manifestation n'est pas constant; il y a des cas fort irréguliers.

Dans la première période, on observe entre autres symptômes, lorsque la maladie se présente avec ses caractères les plus tranchés : le larmoiement et la nature irritante des larmes; celles-ci finissent *par déterminer la chute des cils* de la paupière inférieure, et *peuvent même se creuser un sillon* qui part de l'angle nasal de l'œil et descend sur le chanfrein; la perte de la transparence de la cornée qui s'obscurcit de la circonférence vers le centre; l'injection des vaisseaux de la sclérotique, etc.; l'œil est douloureux au moindre attouchement venu du dehors.

Dans la seconde période, « les humeurs se troublent et deviennent tout-à-fait opaques, au point que le *fond* de l'organe reflète une teinte uniformément *blanche* ou d'un *blanc mat*, un peu *jaunâtre*. Par un examen plus attentif, on voit se dessiner dans l'humeur aqueuse ainsi troublée, de petits flocons nébuleux sous forme de linéaments qui, après un jour ou deux, se précipitent insensiblement dans la partie la plus déclive de l'œil, en formant un segment *jaunâtre*, un *croissant* à *concavité* supérieure : c'est l'hypopion, mot impropre, puisque ce dépôt est de nature albumineuse.....

« Parfois l'hypopion revêt la forme d'un segment de cercle plus ou moins étendu; d'autres fois, il est tout-à-fait irrégulier.....

« Lorsque l'accès a été très violent, le précipité forme un dépôt énorme, mélangé de *stries rougeâtres* ou même de sang épanché, *qui teint d'une nuance rouge violacée toute l'humeur aqueuse*. Dans quelques cas, on voit de véritables vaisseaux d'un rouge très accusé qui *serpentent à la surface du dépôt morbide*, et qui s'irradient sur la paroi de la chambre antérieure.....

« Troisième période : l'hypopion après être resté stationnaire pendant quelques jours, change de coloration et prend une teinte *verdâtre*, *cul-de-bouteille* ou *feuille morte*. Cependant, chez certains sujets, il a une couleur rouge très vive, surtout à sa périphérie où l'on aperçoit un réseau vasculaire très accusé. Puis il commence à se résorber; mais avant la complète disparition des symptômes, il survient de nouveau, *quelquefois*, *mais pas toujours*, ainsi qu'on l'a dit, un léger trouble des humeurs..... Lorsque l'éclaircissement des humeurs et de la cornée est achevé,... il ne reste plus à la partie inférieure de la cornée que quelques stries blanchâtres et un reflet verdâtre qui ne tardent pas à s'effacer..... »

On voit que l'auteur ne parle pas de la couleur de l'iris pendant l'accès.

« Tantôt le premier accès se manifeste avec une grande violence, et les périodes en sont bien caractérisées ; tantôt, au contraire, *cet accès ne présente que des caractères confus* et peut ne pas laisser de traces. Il arrive aussi que les symptômes *ne disparaissent pas complètement* ; que l'accès semble se continuer pendant un temps très long, avec des alternatives peu tranchées de diminution et d'exaspération, à la suite desquelles la faculté visuelle *s'use pour ainsi dire et s'éteint* dans l'organe affecté, sans qu'il ait été possible de constater l'existence de plusieurs paroxysmes.....

« La durée de l'intermission peut n'être que de *sept*, *huit*, *dix* jours ; elle peut atteindre *quinze* mois.

« Les lésions laissées dans l'œil après un certain nombre d'accès, peuvent servir à faire reconnaître l'existence de la maladie, bien que l'accès ne soit plus apparent. » Ici l'auteur reproduit à peu près textuellement les lésions indiquées par Mariot-Didieux ; toutefois, il dit que *l'iris* a pris une teinte *feuille morte* ou *verdâtre*, que reflète également le *fond* de l'œil.

« Dans les circonstances ordinaires, la fluxion périodique ne s'observe que sur un seul œil à la fois, et quand les deux yeux en sont affectés, ce qui est assez commun, ce n'est que lorsque le premier attaqué est définitivement perdu que l'autre devient malade. Quelquefois, cependant, les accès s'alternent d'un œil à l'autre ; et, dans ce cas, il y en a toujours un de plus profondément atteint que l'autre. Les deux yeux peuvent présenter en même temps les symptômes d'un accès d'ophthalmie intermittente ; mais ce fait doit être excessivement rare..... » L'auteur dit cependant l'avoir observé deux fois lui-même.

Les terminaisons sont l'*amaurose* avec *dilatation excessive* ou *fermeture presque complète* de la pupille ; la cataracte et l'atrophie. — Dans quelques cas rares, il peut y avoir rupture des membranes de l'œil.

M. Reynal considère en définitive l'hypopion comme le symptôme *pathognomonique* de la fluxion périodique. Cependant, il devient moins affirmatif lorsqu'il traite la question du diagostic : « On peut, dit-il, *presque* affirmer l'existence de la fluxion périodique lorsque la maladie se manifeste par accès, qu'il y a successivement trouble de l'humeur aqueuse, formation et disparition du dépôt floconneux avec accompagnement des symptômes particuliers à ce phénomène pathologique. »

Les ophthalmies avec hypopion qui accompagnent les affections intestinales, ne sont pas autre chose que la fluxion.

M. H. BOULEY, dans le *Nouveau dictionnaire lexicographique et descriptif* etc. (1863), définit la fluxion périodique « une maladie de nature inflammatoire et spécifique, particulière aux solipèdes, mais plus commune chez le cheval que chez le mulet et l'âne...

Elle se présente avec des nuances d'expression différente suivant qu'elle est à son premier début, ou qu'elle remonte à une époque déjà éloignée ; suivant aussi le plus ou moins d'intensité de l'inflammation par laquelle elle s'exprime..... Lors d'un deuxième ou d'un troisième accès, aux symptômes inflammatoires simples qui souvent caractérisent *exclusivement* le premier, succèdent des phénomènes *tout particuliers* à la fluxion : la cornée devient trouble, surtout à sa circonférence ; puis on voit apparaître dans l'humeur aqueuse des flocons irréguliers qui flottent d'abord, comme des nuages isolés, dans la chambre antérieure, puis se réunissent dans sa partie inférieure, sous forme d'un dépôt, irrégulièrement délimité, d'une nuance *jaune verdâtre* ou de *feuille morte*, dans les cas les plus ordinaires ; quelquefois *sanguinolent* lorsque l'inflammation est très intense. Cette *deuxième période* de l'accès de fluxion est *presque toujours* accompagnée d'une fièvre très intense. Après sept à huit jours en moyenne, la résorption du dépôt commence ; alors, ou bien, *ce qui est le cas le plus ordinaire*, l'humeur aqueuse se trouble de nouveau, comme si le dépôt s'y dissolvait ; ou bien ce dépôt diminue peu à peu de volume et disparaît, sans que l'humeur aqueuse perde sa transparence..... L'œil est alors redevenu clair tout en conservant une légère teinte *ardoisée* anormale....

« Mais la maladie affecte des formes différentes sur quelques sujets ; chez tel animal, la maladie s'éteindra tout à coup sur l'œil le premier affecté, avant qu'elle ait parcouru toutes ses phases, et elle attaquera le second avec une telle violence, que la vue y demeurera complètement abolie après un premier accès ; chez tel autre, elle n'aura qu'un accès sur un seul œil, mais tellement intense, que d'emblée le cristallin restera opaque ; chez un troisième, le dépôt se formera comme instantanément dans l'œil malade, sans symptômes bien accusés d'inflammation locale et de réaction générale, et disparaîtra de même ; chez un autre, enfin, les deux yeux seront attaqués soit simultanément, soit successivement ; mais ce dernier cas est tout-à-fait exceptionnel. Ordinairement, la fluxion n'attaque qu'un œil, et toujours le même ; et lorsque cet œil est définitivement perdu, l'autre reste exempt des atteintes du mal ; la maladie ne reparaît plus....

« Pendant la rémission, l'œil fluxionnaire présente des traces de la maladie, d'autant plus accusées que l'inflammation a été plus violente, et les accès plus nombreux. Après un ou deux accès bénins, il peut se faire que l'œil ait assez récupéré sa transparence normale pour qu'il n'y reste aucune trace ; mais généralement, après plusieurs accès, la maladie se reconnaît aux caractères suivants : *diminution* du volume de l'œil ; *rétrécissement* de la pupille ; teinte ardoisée de la cornée ; dilatation des vaisseaux de la sclérotique ; granulations blanches dans le cristallin ou opacité complète de cet organe ; *teinte jaunâtre (feuille-morte) de l'iris*.... Toutefois cet ensemble de symptômes n'est pas à ce point pathognomonique qu'on puisse affirmer *judiciairement* qu'ils procèdent de la fluxion, *des maladies autres que cette dernière pouvant produire les mêmes lésions.* »

La fluxion éteint la vision soit en déterminant, « ce qui est le cas le plus ordinaire, l'atrophie de l'œil et l'épaississement du cristallin (*cataracte*) ; soit que, ce qui est plus rare, elle produise la paralysie de l'organe (*amaurose*) sans altérer sensiblement sa transparence......

« L'inflammation aiguë de l'intestin exerce une profonde influence sur l'organe de la vision, et donne naissance à une ophthalmie intense *analogue* dans sa forme, à la fluxion, et sujette comme elle *à des retours par accès.* »

Pour la rédaction de cet article, M. H. Bouley a dù, comme M. Reynal, emprunter beaucoup au mémoire de Hamon.

M. REY, dans son *Traité de Jurisprudence*, dont la première édition date de 1865, ajoute quelque peu au tableau qu'il avait tracé de la fluxion, dans le *Dictionnaire général* cité plus haut.

Ainsi, pendant l'accès, les larmes sont limpides ; *il n'y a pas de chassie* ; la cornée reste transparente dans le centre ; l'hypopion dont l'existence coïncide avec l'éclaircissement des humeurs est un signe *spécial* à ce vice rédhibitoire ; le *fond* de l'œil a une teinte de *feuille-morte* ou *cendrée.*

Pendant l'intermittence, lorsque l'affection est ancienne, « les humeurs conservent leur transparence normale ou donnent la teinte de feuille morte ; le *fond* de l'œil est blanc jaunâtre (*œil de verre, œil de chat*) ; la peau des larmiers est dépilée. »

La constatation des diverses phases d'un accès permet de distinguer la fluxion de l'ophthalmie interne.

Les ophthalmies symptomatiques qui se montrent dans le cours de la *gastro-hépatite*, de la *pneumonie*, de la *bronchite*, du *coryza aigu*, présentent des symptômes qui ressemblent à ceux de la fluxion ; toutefois l'opacité de la cornée est plus étendue ; le pourtour de cette membrane est le siège d'une infiltration séreuse entre ses lames ; l'hypopion qui coïncide avec l'éclaircissement de l'œil, disparaît sans amener un nouveau trouble *bien manifeste* des humeurs, etc. Et puis la fluxion oculaire coïncide alors avec une maladie générale ; elle existe au même degré dans les deux yeux à la fois, ce qui ne se produit pas dans l'inflammation périodique : celle-ci, en effet, n'attaque qu'un œil le plus souvent ; et si les deux yeux sont atteints, les altérations produites n'ont pas la même intensité.

Ces ophthalmies symptomatiques ne sont pas sujettes à récidive, et ne laissent dans l'œil aucune des lésions déterminées par l'ophthalmie périodique.

De 1842 à 1853, M. Rey a observé 250 cas de fluxion sur le cheval et un seul sur le mulet.

ZUNDEL, dans la troisième édition refondue du Dictionnaire de d'Arboval, cite parmi les symptômes de l'ophthalmie interne, l'état floconneux de l'humeur aqueuse ; la formation possible d'un hypopion gris-jaunâtre dont la ligne du niveau supérieur peut changer dès que l'on oblique la tête de l'animal ; la rougeur de l'iris passant plus tard à l'orangé, et puis au jaune (*terre de Sienne* ou *teinte de feuille morte*) ; le resserrement de la pupille.

*Cette maladie récidive facilement* ; mais les récidives ne viennent pas à des intervalles réguliers ; il est peu probable que la fluxion puisse en être la suite.

Parmi les symptômes que l'on constate pendant la première période de la fluxion, l'auteur cite la *dureté* du globe oculaire sous la pression du doigt ; le peu de sensibilité, parfois l'anesthésie de la cornée qui s'obscurcit un peu ; le trouble des humeurs qui deviennent souvent tout-à-fait opaques, toujours avec une teinte ou un reflet jaune verdâtre qu'on attribue au glaucome, à l'épanchement dans le corps vitré. Cette teinte verte, dite feuille-morte ou mieux *vert de bouteille*, s'observe aussi dans d'autres cas ; elle ne serait pas toujours perceptible selon Gerlach, et, notamment, lors de trop forte occlusion de la pupille ou de cataracte intense ; ce qui fait penser que pour cet écrivain, la teinte en question — pen-

dant la première période — résiderait exclusivement
dans le corps vitré.

Dans la seconde période, l'iris apparaît avec une
teinte *rouge;* et si l'état de contraction de la pupille
permet de voir le *fond* de l'œil, celui-ci est d'un blanc
un peu jaunâtre  L'hypopion forme à la partie déclive de l'œil , un segment jaunâtre à concavité supérieure, qui est un symptôme *caractéristique* de la
fluxion : on le reconnaît constitué de flocons ; il n'a
pas le niveau  horizontal de la collection purulente
de l'hypopion. A peine apercevable dans le principe, ce précipité augmente graduellement. Ce sont
ces flocons qui se déposant parfois sur l'iris, dans la
fente pupillaire, *ont fait croire* à des fausses membranes de l'iris. L'œil étant éclairci, on voit à travers
la pupille et le cristallin plus ou moins trouble, la
teinte *jaune verdâtre* du *fond* de l'œil.

A la troisième période, l'hypopion devient *jaune
grisâtre*, et commence à se résorber pendant que
l'humeur aqueuse prend une teinte louche.

Ordinairement, la fluxion ne s'observe que sur un
œil à la fois ; quand les deux yeux sont affectés, ce
n'est que lorsque le premier est définitivement perdu que l'autre devient malade ; cependant un œil
peut être détruit et l'autre rester intact. Les deux
yeux peuvent aussi être atteints simultanément ;
mais c'est rare.

Il est également *tout-à-fait rare* qu'après un premier, et surtout un deuxième accès, l'œil revienne
absolument à son état normal ; mais aussi, il a suffi
parfois d'un seul accès pour désorganiser l'œil entièrement, ou le priver tout-à-fait de ses facultés vi-
suelles.

Parmi les lésions que l'on constate après les accès,
citons la nuance jaune un peu verdâtre du *fond* de
l'œil malade qui aussi, est plus brillant ; la *contrac-*

*tion* de la pupille ; une teinte jaune franche, dite de feuille morte, *de l'iris* ; enfin des *filaments irréguliers* qui paraissent comme suspendus au milieu des humeurs : ces filaments ont une grande valeur diagnostique.

La succession des périodes dans un accès ; le dépôt jaunâtre à concavité supérieure ; le trouble accompagnant la résorption du dépôt ; enfin le larmoiement toujours séreux et limpide, seraient caractéristiques de la fluxion.

Nous avons dit que, pour l'auteur, la teinte jaune verdâtre du glaucome n'est pas spéciale à cette maladie ; de plus, ce symptôme ne s'observerait même pas constamment.

Si quelques vétérinaires ont vu récidiver des cas d'ophthalmie symptomatique, ils n'auraient pas dû confondre ces récidives avec les accès de la fluxion.

Cette dernière maladie pourrait bien être de nature parasitaire.

Si nous saisissons bien la pensée de notre ancien condisciple Zundel, il reconnaîtrait en définitive plusieurs variétés d'ophthalmie interne, pouvant présenter des dépôts, et même récidiver : il essaye de les distinguer de la fluxion périodique qui, seule à ses yeux, doit être rédhibitoire.

Pour l'immense majorité des vétérinaires, et pour moi-même — je n'hésite pas à le dire, — les variétés dont il s'agit devraient être, au point de vue purement légal, qualifiées de *fluxion périodique*. En effet, si elles ont certains caractères distinctifs, soit entre elles, soit avec la fluxion, telle que Zundel la comprend — caractères qui pourraient peut-être servir de base à une classification purement pathologique, — elles en ont de communs avec celle-ci ; et ces caractères sont d'une importance capitale : *elles pré-*

*sentent l'hypopion, elles récidivent et elles amènent la perte
de la vue.* Or, je crois que personne ne saurait demander davantage à une affection oculaire pour en
faire un vice rédhibitoire.

Rappelons aussi que Zundel déclare que les récidives ne viennent pas à des intervalles réguliers, ce
qui les distinguerait des accès : c'est l'opinion renouvelée de Hurtrel et de Leblanc ; toutefois Zundel prétend que la fluxion périodique ne saurait provenir
de l'ophthalmie à récidive ; sous ce rapport, il se sépare complètement des deux auteurs dont les noms
viennent d'être rappelés.

MM. Hocquart, aide-major, et Bernard vétérinaire en premier, mettant en commun leurs connaissances spéciales, viennent, dans un mémoire qui
a été récompensé par la Société centrale de médecine vétérinaire et la Société centrale d'agriculture,
— mémoire publié *in-extenso* dans le *Recueil de méd.
vétér.* (n° du 30 mars 1882), de faire, surtout au point
de vue de l'histologie pathologique, une étude intéressante de plusieurs affections oculaires qu'ils en-
globent, eux aussi, à mon grand étonnement, sous
la désignation générique de *fluxion périodique.*

Ces auteurs distinguent également trois périodes
dans chaque accès : le *début,* l'*état* et le *déclin.* Voici
quelques symptômes relevés parmi ceux qu'ils indiquent : au *début,* point de symptômes fébriles ; larmoiement considérable ; douleur intense ; *globe oculaire plus dur à la pression du doigt* ; les humeurs de
l'œil se troublent et prennent une teinte *jaunâtre.*

L'accès est-il plus violent, toute sensibilité dispa-
rait par le fait de l'étranglement de l'œil et de la
compression des nerfs ciliaires ; la cornée devient
opaque et blanchâtre ; l'iris prend une coloration
rouge vers le bord interne.

A la période *d'état*, la cornée redevient plus transparente ; on aperçoit alors dans l'humeur aqueuse des flocons nombreux qui vont se déposer en bas de la chambre antérieure, et constituer ce qu'on a appelé l'hypopion : ce précipité présente une couleur *jaune verdâtre caractéristique*. Il peut être teinté de rouge brun et renfermer des stries sanguines. L'iris fréquemment recouvert par les exsudats est *rouge* et *congestionné* ; le fond de l'œil, lorsqu'il peut être aperçu, est *blanc jaunâtre*.

Au *déclin*, le dépôt *perd* sa teinte caractéristique et passe au gris terne ; il se dissout peu à peu dans l'humeur aqueuse qui devient louche et laiteuse.

Un œil qui a subi les atteintes de la fluxion ne recouvre *jamais* son intégrité première.

Il est possible « *dans la grande majorité des cas, même dans l'intervalle de deux accès, d'affirmer, du premier coup et d'une façon certaine, le diagnostic fluxion.* »

Les désordres que laissent après elles les attaques fluxionnaires, sont les suivants :

Très souvent, vascularisation sous-conjonctivale très fine au niveau du limbe scléro-cornéal, surtout à la partie inférieure ; il faut s'aider de la loupe pour la bien distinguer.

Il est rare que, même dans les cas récents, on n'observe pas également une vascularisation cornéenne sous-épithéliale, ainsi que dans une épaisse couche exsudative située contre la face profonde de la membrane de Descemet.

MM. Hocquard et Bernard conviennent que l'importance des signes précédents *n'est pas très grande*, attendu qu'un grand nombre d'ophthalmies même assez bénignes, peuvent en présenter de semblables.

L'iris éprouve des changements de coloration dus à la présence d'un léger vernis exsudatif qui occupe toute sa surface antérieure ; l'atrophie de l'iris s'ajoute à cette cause pour modifier la teinte de la membrane, qui, lors des premiers accès, ne va pas toujours jusqu'à la couleur *feuille-morte*. L'iris peut être refoulé en avant par les exsudats qui siègent dans la chambre postérieure; alors la pupille ordinairement soudée à la cristalloïde, est très rétrécie et irrégulière, et c'est la partie moyenne du diaphragme qui bombe en avant, de sorte que la pupille semble s'ouvrir au fond d'une sorte d'entonnoir. D'autres fois, la pupille agrandie est poussée en avant par le cristallin qui a augmenté de volume.

La pupille peut être fixée au cristallin par quelques points seulement, qui apparaissent à l'éclairage latéral sous forme d'étroits filaments blanchâtres; elle peut aussi être masquée complètement par une véritable fausse membrane qui la soude tout entière à la cristalloïde antérieure.

Le cristallin peut présenter des altérations diverses, et *souvent* on trouve sur la face antérieure de la cristalloïde, au milieu de l'ouverture pupillaire, de petits dépôts noirs punctiformes, bien visibles à l'éclairage oblique, lesquels marquent des traces de synéchies qui se sont brisées après coup, par dilatation de la pupille.

En résumé MM. Hocquard et Bernard attachent « une grande importance aux rétrécissements pupillaires par le fait de fausses membranes qui créent des synéchies postérieures ; ils accordent une importance égale aux plaques exsudatives de la face antérieure de l'iris, et *surtout* au soulèvement de la portion moyenne du diaphragme irien avec immobilisation de ce diaphgrame. »

Dans ce que les auteurs appellent la fluxion à *type régulier*, la maladie débuterait par un petit nombre d'accès bénins caractérisés anatomiquement par des épanchemen's exsudatifs de faible intensité dans la chambre antérieure.

Plus tard, l'inflammation gagne le corps ciliaire et la choroïde, et amène l'opacité du cristallin et les altérations du corps vitré. Enfin la phthisie oculaire vient clore la scène pathologique. Les auteurs ne parlent pas des terminaisons par cataracte simple ou par amaurose.

Dans la fluxion qu'ils appellent à *type rémittent*, où selon la description faite par M. Reynal, « les symptômes ne disparaissent jamais complètement, et où l'accès se continue pendant un temps très long, avec des alternatives peu tranchées de diminution et d'exacerbation, à la suite desquelles la vision s'use et s'éteint…. », sans qu'il ait été possible de constater plusieurs paroxysmes ; dans cette fluxion, MM. Hocquard et Bernard disent que l'affection débute alors par une *irido-cyclite plastique* caractérisée par des désordres peu accusés de la chambre antérieure, l'immobilité de l'iris, l'obstruction de la pupille par des fausses membranes qui la déforment et la font paraître comme déchiquetée ; en même temps, l'iris bombe fortement en avant, repoussé qu'il est par les exsudats de la chambre postérieure.

MM. Hocquard et Bernard qualifient de *types suraigus*, — ce qui est bien un peu contradictoire, — et attribuent à une irido-choroïdite purulente, les cas où « dans un œil parfaitement limpide la veille, on voit tout-à-coup survenir *sans grande inflammation préalable*, un immense dépôt jaunâtre qui occupe la chambre antérieure. Il est vrai que les auteurs disent que, dans des cas rares, les membranes de l'œil peuvent s'ulcérer et l'organe se vider complètement.

Enfin ils assimilent avec raison à l'ophthalmie sympathique reconnue par les ophthalmologistes, les cas dans lesquels la maladie se porte d'un œil sur l'autre.

Tel est en substance, aux différents point de vue des symptômes, de la marche, du diagnostic et des lésions macroscopiques, le travail de MM. Hocquard et Bernard. Ainsi qu'on a pu s'en convaincre, les auteurs sont loin d'avoir justifié leur affirmation sans réserve, relative à la possibilité de porter « *dans la grande majorité des cas, même dans l'intervalle de deux accès,* DU PREMIER COUP ET D'UNE FAÇON FORMELLE, *le diagnostic fluxion.* » C'était là cependant le point le plus important.

La fluxion a toujours été aisément reconnue après plusieurs accès, ou lorsqu'elle présente d'emblée une grande intensité : ce qui importe surtout, c'est de pouvoir la diagnostiquer lorsque les symptômes en sont peu accusés : or, MM. Hocquard et Bernard ne nous ont rien appris de nouveau à ce sujet.

Je parlerai avec la même liberté des lésions décrites, du reste, avec beaucoup de soin et d'exactitude par ces messieurs, et données par eux comme appartenant à la *fluxion*. Ces lésions sont bien évidemment le résultat d'affections profondes et graves du globe oculaire ; mais il me semble que rien ne prouve qu'elles aient été occasionnées par la *fluxion*, c'est-à-dire par une maladie qui aurait présenté des récidives plus ou moins nombreuses, avec un ensemble symptomatique qui répondît, au moins en partie, à celui que nous connaissons : le tout observé par les auteurs eux-mêmes. Voici mes motifs : d'abord, il est rare qu'on ait l'occasion de voir succomber, précisément pendant un accès de fluxion, un cheval notoirement connu pour être fluxionnaire : ce serait une bonne fortune ; et si les auteurs que nous analysons avaient eu l'avantage d'en jouir, ils n'en auraient certainement pas fait mystère. D'autre part, il serait onéreux d'acheter un pareil cheval, pour le sacrifier à point nommé dans le but d'en faire l'autopsie; et dans tous les cas, l'acte serait trop méritoire pour qu'on ne le fît pas connaître : Or, MM. Hocquard et Bernard ne nous ont rien révélé de semblable.

Nous sommes donc disposé à croire que ces messieurs, dont les recherches *ont porté sur douze yeux* seulement, les ont pris sur des sujets sacrifiés pour un motif quelconque, notamment, nous le savons, pour les travaux anatomiques de notre École, — sujets dont ils ne connaissaient pas les antécédents, et dont ils ont attribué *sans preuves* les lésions oculaires diverses à la maladie qu'ils voulaient étudier. De toutes ces lésions, ils ont fait un faisceau dont ils ont constitué l'anatomie pathologique de la *fluxion*. Peut-être nos auteurs sont-ils tombés juste ; peut-être ont-ils rencontré des sujets véritablement fluxionnaires ; mais je le répète, rien ne le démontre. Malgré tout, ces observations ont leur valeur, et nous aurons sans doute l'occasion d'en parler de nouveau, ainsi que de différents autres points que nous n'avons pas abordés dans cette analyse.

Aux extraits nombreux et étendus qui précèdent, — lesquels, ainsi qu'en a pu juger le lecteur, proviennent de travaux classiques, pour la plupart, où la fluxion est envisagée d'une manière générale, — je crois devoir ajouter les données suivantes, très instructives, qui résultent d'une autopsie faite par M. Chuchu, vétérinaire à Paris et ancien chef de service d'anatomie à l'École d'Alfort (1).

Je copie textuellement :

« Cheval de trait, entier, sous poil gris pommelé, âgé de six ans, *borgne avec cataracte*, arrivé à Paris

(1) *Recueil de méd. vétéri., du 30 octobre 1875.*

le 15 février 1876, venant de la Nièvre, appartenant à
une grande administration. Ce cheval tombe malade
le 23 mars et meurt le 27 de pneumonie, avec abcès
et vomiques dans les deux poumons. A son entrée
à l'infirmerie le 23 mars, il a eu, en même temps
que la pneumonie à laquelle il va succomber, un
accès de fluxion périodique à l'œil, parfaitement
sain jusque-là ; les paupières sont tuméfiées, l'œil
larmoyant, trouble. La fluxion suit sa marche régulière, et le 27, quand il meurt, le dépôt ou hypopion
est formé très nettement avec les caractères qu'on
lui connaît (1).

« J'ai disséqué avec soin l'œil affecté de fluxion,
voulant profiter de cette occasion d'étudier les lésions
de cette maladie à ses débuts, et voici ce que j'ai
constaté : l'œil ayant été sorti de l'orbite avec précaution, et débarrassé de ses annexes de façon à
conserver seulement le globe, j'ai commencé la dissection par la cornée transparente, dont j'ai enlevé
couche par couche les différents feuillets qui la constituent, et qui sont reliés entre eux, comme on sait,
par des brides qui lui donnent un aspect aréolaire.
J'ai trouvé que la cornée était épaissie, et que ses
aréoles étaient remplies d'un liquide jaunâtre donnant la teinte feuille-morte de l'œil. Ce liquide, en

---

(1) Dans quelques considérations préliminaires, l'auteur parlant
des principaux caractères de la fluxion s'exprime ainsi : « ... il est
bon de rappeler que la caractéristique de la fluxion, consiste dans
un dépôt jaune verdâtre, teinte feuille morte, désigné plus rarement sous l'expression assez peu juste d'*hypopion*, et qui se voit à
la partie inférieure de la vitre de l'œil, dans l'endroit le plus déclive,
convexe à son bord inférieur, limité par la cornée transparente,
*horizontal* à son bord supérieur, et dans des dimensions qui varient
suivant l'intensité de l'accès .... » Il est à présumer que l'hypopion
observé par M. Chuchu présentait les caractères qui viennent d'être
indiqués.

quantité très nettement appréciable, puisqu'il s'écoulait par gouttes à mesure que je continuais la dissection, était d'autant plus foncé et abondant que j'arrivais aux parties inférieures de la cornée. L'humeur de la chambre antérieure était parfaitement limpide et transparente. L'ouverture pupillaire était resserrée, presque nulle et comblée par un exsudat blanchâtre d'une grande ténuité. Sur la face antérieure de l'iris, partant de la pupille comme d'un centre, irradiaient quelques stries sanguines. Absolument rien d'anormal en arrière de l'iris, transparence parfaite de l'humeur de la chambre postérieure, du cristallin et du corps vitré. La choroïde et la rétine m'ont paru exactement comme dans les conditions normales.....

« Ainsi, ce qu'il y a de curieux dans cette observation, et ce qui m'a surpris, c'est que le dépôt, ou l'hypopion de la fluxion, avait son siége dans les mailles de la cornée transparente, et non dans la chambre antérieure où je m'attendais à le trouver puisque c'est là qu'on a l'habitude de le placer. »

B) — Etude comparative des données fournies par les auteurs.

Nous allons essayer de grouper dans un coup-d'œil d'ensemble, les indications nombreuses, passablement diversifiées et souvent contradictoires, que nous avons recueillies dans la revue, un peu longue peut-être, mais à coup sûr fort intéressante à laquelle nous venons de nous livrer.

**Des phases, temps ou périodes.**

Tout d'abord, on constate que les hippiâtres dans leurs descriptions fort écourtées, ne font pas mention des divers temps, phases ou périodes qui ont été distingués dans chaque accès par Chabert, et conservés, quoique avec des variantes, par beaucoup d'écrivains vétérinaires. Cependant il en est quelques-uns qui, ainsi qu'on a pu le voir, n'en parlent nullement.

L'admission ou le rejet de ces périodes, l'augmentation ou la diminution de leur nombre étant absolument arbitraires, ne sauraient avoir aucune importance du moment que l'on décrit tous le symptômes, en ayant l'attention de respecter l'ordre de leur manifestation. Si je m'arrête un instant sur ce point, c'est que tous les auteurs qui ont imité l'exemple de Chabert, sont unanimes à déclarer que les périodes ne se retrouvent plus, ou sont confondues dans les accès du début de la fluxion, et que ceux-ci sont également de moindre durée; pour quelques-uns, ces premiers accès laissent généralement des traces peu visibles, mais qui toutefois sont appréciables; pour les autres, — et c'est la majorité, — les traces, les lésions consécutives sont nulles; mais de nouveaux accès surviendront qui en laisseront de manifestes pour tous les observateurs.

En comparant ces accès primitifs, dont le processus semble s'accomplir presque exclusivement à l'extérieur, à l'attaque qui survient sans inflammation et sans souffrances appréciables, avec la cornée bien transparente et l'œil grand ouvert, dans lequel, du jour au lendemain, est apparu un énorme hypopion; — attaque souvent unique qui amène presque infailliblement la perte de la faculté visuelle, et qui est reconnue comme *fluxion périodique* par M. Hamon, M. Reynal, M. Bouley, et MM. Hocquart et Bernard, on se demande où sont les points de ressemblance; on se demande surtout, — et nous aurons à revenir sur ce point — ce qui peut motiver à une affection qui ne se reproduira peut-être plus, la qualification de *périodique* ou *intermittente* ?

On n'aperçoit pas davantage ce qu'il y a de commun entre les premiers accès bénins, et la maladie oculaire dans laquelle toutes les parties essentielles et accessoires de l'œil semblent atteintes ; — maladie qui souvent aussi détermine en une seule fois, soit la perte de la faculté visuelle, soit la fonte de l'organe. Et cependant cette maladie si grave, sans périodes distinctes et sans récidives, est aussi considérée comme *fluxion périodique* par M. Hamon, M. Reynal, M. Bouley, M. Zundel et MM. Hocquard et Bernard.

Mais abordons les détails, et voyons si dans les cas où la fluxion peut être considérée comme régulière, il est possible en se basant sur les descriptions des auteurs, d'avoir ou de se faire une idée nette de ce que peut bien être la *fluxion périodique*.

### Symptômes principaux pendant l'accès.

*État des paupières.* — Garsault avait écrit qu'elles sont le siège d'une enflure considérable; Hurtrel, accentuant davantage, a dit que la tuméfaction des paupières, surtout de la supérieure, est telle, qu'elle ressemble à un boursouflement. Aucun autre écrivain ne fait mention d'un état semblable; on a même écrit que la fluxion se passe surtout dans l'intérieur de l'œil, et qu'elle ne détermine souvent que peu de réaction au dehors. Lequel faut-il croire? — Mais n'insistons pas; il ne s'agit que d'organes accessoires.

*Sécrétion lacrymale.* — Un certain nombre d'auteurs signalent l'écoulement des larmes comme étant abondant ou très abondant, et amenant à la longue la chute des cils, la dépilation et même l'ulcération

de la peau du larmier. Les autres n'insistent pas sur
ce symptôme : M. Hamon dit même que les larmes
coulent en petite quantité. Parmi les premiers, il en
est — M. Reynal, M. Lafosse et MM. Hocquard et
Bernard, — qui ne parlent pas de l'état des larmes;
d'autres au contraire, disent qu'elles sont toujours
limpides (Huzard, M. Zundel) ; que l'écoulement ne
devient pas de plus en plus épais et purulent comme
dans les affections ordinaires de l'œil (Mignon);
qu'il n'y a pas de chassie (M. Rey) ; d'autres enfin
disent que les paupières sont garnies de chassie
(U. Leblanc) ; que les larmes mêlées à la chassie agglutinent les paupières, et les font adhérer avec la
paupière nasale et le globe oculaire (Hurtrel).....

*Globe oculaire.* — Son degré de tension a été noté
par deux auteurs : il est *plus dur, plus dense* à la pression du doigt (M. Zundel) ; il est *plus dur* à la pression
du doigt (MM. Hocquard et Bernard). Les au-
tres ne parlent pas de ce symptôme, ce qui me fait
croire qu'il est loin d'être constant, comme sembleraient le donner à entendre M. Zundel et MM. Hocquard et Bernard ; j'incline même à penser que les
cas où le globe accuse ainsi un excès de pression
intérieure, *constituent l'exception.* Je me base tout à
la fois sur le résultat de mes propres observations,
et sur la terminaison par atrophie qui survient fréquemment. Presque tous les auteurs citent comme
l'un des symptômes succédant souvent à plusieurs
accès, la diminution de volume du globe oculaire :
or, on sait que l'excès de pression intérieure produit
la distension des membranes, projette la cornée en
avant, la sclérotique en tous sens, et surtout en arrière où se produit à la longue l'enfoncement ou
*excavation* de la papille. Pour cela, il faut qu'il y ait
augmentation des liquides oculaires ; l'amoindrissement de volume, et, par suite, l'atrophie de l'œil

devraient ce me semble débuter au contraire par la diminution de leur quantité.

En admettant même que la phthisie du globe soit précédée et même déterminée par l'augmentation de pression intérieure, on sait — et nous aurons l'occasion d'y revenir — que la fluxion se termine souvent par cataracte ou amaurose avec conservation du volume de l'œil : dans ces circonstances, l'excès de tension ne devrait pas s'être manifesté.

Quoi qu'il en soit, je maintiens que si l'on peut dans quelques cas de fluxion, constater cette augmentation de pression intérieure, cette *dureté anormale* du globe de l'œil, on trouvera le plus souvent la tension diminuée ; et, dans d'autres cas, on ne saisira pas au toucher de différences appréciables.

Parlant de la douleur éprouvée par l'animal, MM. Hocquard et Bernard disent qu'elle est considérable ; mais cette douleur peut faire place à l'insensibilité par suite de la compression intense et prolongée des nerfs ciliaires. M. Reynal dit que l'œil est chaud, douloureux au moindre attouchement venu du dehors ; d'après M. Zundel, l'œil n'aurait cependant pas une sensibilité exagérée. — Comment concilier une sensibilité qui n'est pas exagérée, avec une douleur considérable se manifestant au moindre attouchement ?

En général, la douleur est assez vive sans être précisément *considérable* ; et les cas où elle fait place à l'insensibilité complète sont rares : mais comment peut-on faire une seule espèce morbide des cas très fréquents qui s'accompagnent de douleur, et de ceux plus rares dont nous avons déjà parlé, qui ont été signalés par M. Hamon et acceptés par M. Reynal, M. Bouley et MM. Hocquard et Bernard ; — cas dans lesquels l'hypopion se manifeste soudainement, et où l'animal ne paraît pas, ou paraît très peu souffrir ?

*Conjonctive et sclérotique.* — Dans les descriptions qu'ils font des accès, les auteurs parlent généralement de la rougeur marquée de la conjonctive ; M. Reynal, après Mignon et Hamon, parle des vaisseaux de la sclérotique qui *s'injectent considérablement* : c'est une indication très exacte, et qui au point de vue des maladies du globe, a une importance beaucoup plus grande que les symptômes qui intéressent la muqueuse ; toutefois, la majorité des auteurs garde le silence à cet égard.

*Cornée lucide.* — La transparence de cette membrane est promptement troublée dans les affections oculaires : il existe, entre les auteurs, un accord assez marqué pour signaler par des expressions différentes, il est vrai, une légère opacité plus prononcée à la circonférence qu'au centre. En même temps apparaissent, dans les mêmes points que l'opacité, des vaisseaux plus ou moins profondément situés. M. Reynal parle en outre de vaisseaux qui serpentent à la surface de l'hypopion et qui s'irradient sur la paroi de la chambre antérieure ; MM. Hocquard et Bernard indiquent un réseau — c'est évidemment le même — qui n'occupe pas véritablement la cornée, mais rampe dans une épaisse couche exsudative située dans la chambre antérieure, contre la face profonde de la membrane de Descemet. La loupe est nécessaire pour apercevoir ces vaisseaux.

En ce qui concerne la nuance de la vitre de l'œil, les auteurs sont d'opinions différentes : *blanchâtre* notamment pour Hurtrel, M. Rey et MM. Hocquard et Bernard, cette membrane présenterait au début de la fluxion un reflet jaunâtre, selon Mariot-Didieux.

*Humeur aqueuse*. — Tous les auteurs signalent le trouble de l'humeur aqueuse, — ce précurseur de l'hypopion, — comme l'un des symptômes de la fluxion ; certains en exceptent cependant quelques premiers accès où ce symptôme peut manquer. Mais si pour M. Hamon, le trouble de l'humeur aqueuse n'existe que dans la variété d'ophthalmie interne qui est périodique, il faut dire que pour Chabert, Gohier, U. Leblanc, Hurtrel et M. Zundel, il peut se rencontrer dans l'ophthalmie interne simple.

Indépendamment de la perte de sa limpidité, l'humeur aqueuse, d'après quelques-uns, changerait de nuance : elle devient *noirâtre*, serait souvent *parsemée de sang*, affecterait successivement « *plusieurs nuances de couleur* » (Hurtrel) ; elle serait quelquefois teinte en *rouge violacé* lorsque l'inflammation est violente (Hamon, Reynal) ; enfin pour MM. Hocquard et Bernard, « les humeurs » se troublent et prennent une teinte *jaunâtre*.

*Hypopion*. — La couleur de l'hypopion n'est pas mentionnée par les premiers hippiâtres que nous avons cités. Ce n'est qu'à partir de Solleysel qu'il est question de la nuance *feuille-morte de dessous la prunelle* qui peut être attribuée soit à l'hypopion lui-même, soit à l'iris, mais, pensons-nous, de préférence au dépôt. Ainsi que nous l'avons fait remarquer précédemment, les Lafosse ne parlent plus de la *nuance* de l'hypopion, indiquant ainsi d'une façon implicite, que pour eux, ce caractère n'a pas beaucoup de valeur. Actuellement, il n'en est plus de même ; c'est à qui indiquera une couleur nouvelle ; mais nous n'avons guère gagné en précision ainsi qu'on va pouvoir en juger : quelques auteurs signalent la couleur *blanchâtre* (Huzard, Boin) ; d'autres indiquent la nuance *jaunâtre* (Godine, Zundel) ; d'autres la nuance *blanchâtre* ou la *jaunâtre* (Chabert,

Gohier, U. Leblanc) : ce dernier dit qu'il peut y avoir *hémorrhagie*. Mignon parle de la couleur *blanc-verdâtre* nuancée de *rouge*, ou ressemblant à de *l'albumine coagulée*, ce qui doit être d'un blanc pur. MM. Hamon, Reynal et H. Bouley disent que l'hypopion est *jaune-verdâtre* ou feuille-morte, quelquefois mélangé de stries rougeâtres ou de sang épanché ; pour M. Bouley, ce précipité constitue un des caractères *tout particuliers* de la fluxion. Pour Mariot-Didieux, il serait *jaunâtre* ou *rougeâtre* ; pour Hurtrel et M. Lafosse il serait *blanc* ou *jaunâtre*, quelquefois *rougeâtre* ; enfin MM. Hocquard et Bernard disent que la couleur *jaune verdâtre* est *caractéristique* ; mais l'hypopion peut aussi être teinté de *rouge brun* et renfermer des *stries sanguines*. M. Rey, en parlant de l'hypopion, n'en distingue jamais la couleur.

Quelques-uns disent qu'avec le temps, l'hypopion change de nuance : selon M. Reynal, il devient *verdâtre*, *cul-de-bouteille* ou *feuille-morte* ; selon M. Zundel, il serait *jaune grisâtre* à la troisième période de l'accès ; et enfin, selon MM. Hocquard et Bernard, il passerait au *gris terne*.

Je ne retiens pour l'instant que la nuance *jaune verdâtre* que M. Bouley et MM. Hocquard et Bernard disent être *caractéristique*. S'il en était ainsi, les dépôts de toute autre couleur ne prouveraient donc rien en faveur de la fluxion : ce serait être bien exclusif que d'adopter cette manière de voir.

Que penser maintenant de ces hypopions qui changent de nuance avec les périodes, et finalement deviennent *cul de bouteille* ou *feuille morte* pour l'un, *jaune grisâtre* pour l'autre, et *gris terne* pour un troisième ?

Si nous passons à l'étude de la forme affectée par le dépôt et indiquée par les auteurs, nous nous heurterons encore à des contradictions étranges.

Boin dit qu'il a la forme d'un *segment de cercle* ou d'un *croissant* ; M. Reynal emploie les mêmes expressions et précise davantage : le croissant, dit-il, est à *concavité* supérieure ; toutefois cet auteur reconnaît que le dépôt peut être tout-à-fait irrégulier. Pour M. Zundel, le segment jaunâtre à *concavité* supérieure est un symptôme *caractéristique* de la fluxion, attendu que, dans l'ophthalmie interne, le niveau supérieur du dépôt est horizontal, en même temps que mobile suivant l'inclinaison de la tête de l'animal. D'après M. Hamon, le segment formé par l'hypopion est à *convexité* supérieure ; toutefois sa forme peut varier, ainsi que son volume et sa couleur : il peut avoir l'aspect d'un sédiment plâtreux. M. Bouley dit simplement que la forme du dépôt floconneux est irrégulière. Enfin Gohier nous apprend que l'hypopion peut avoir l'aspect d'une goutte d'huile.

La valeur diagnostique de l'hypopion serait considérable aux yeux de quelques-uns : d'après Boin, en présence de ce symptôme, *il ne serait pas possible* de méconnaître la fluxion ; pour Mignon, il en serait pendant l'accès le signe *spécifique* ; pour M. Hamon, quelle que soit l'apparence du dépôt, il en constituerait le sympôme *essentiel et pathognomonique*, lorsque l'œil ne présente pas de lésions dues au traumatisme ; pour M. Reynal, l'hypopion serait le symptôme *pathognomonique* de la fluxion périodique ; enfin nous avons vu que, selon M. Bouley, lorsque ce symptôme présente certaines particularités de nuance, il constitue un des phénomènes *tout particuliers* de la maladie.

Mais, d'autre part, nous savons que Gohier, U. Leblanc et M. Zundel disent que l'ophthalmie interne *non périodique* peut s'accompagner d'hypopion : ce qui doit fatalement nous laisser indécis.

*Iris.* — Quelques auteurs signalent les changements de coloration éprouvés par l'iris, tandis que
les autres n'en parlent nullement. Parmi les premiers, Mariot-Didieux dit qu'au *début* de l'accès, le
diaphragme offre un aspect *jaunâtre* qui se fonce
rapidement ; on peut croire, d'après la description,
que ce reflet se voit sur toute la membrane.
U. Leblanc qui, ainsi que nous l'avons déjà dit, a
été le premier à signaler la nuance de l'iris, prétend
que la coloration *jaune roussâtre* ou *feuille morte*, se
voit après la disparition de l'hypopion, dans le bas
de l'iris, là où existait le dépôt.

D'un autre côté, M. Lafosse nous apprend que le
*bord interne* de l'iris se colore d'une teinte *rouge ;*
M. Zundel dit qu'à la deuxième période de l'accès
l'iris apparaît avec une teinte *rouge* ; enfin MM. Hocquard et Bernard réunissant les deux données précédentes, disent que cette membrane présenterait
à la première période une coloration *rouge* vers son
*bord interne ;* et, tout en étant à la deuxième période
fréquemment recouverte par des exsudats solidifiés,
elle se montrerait *rouge* et *congestionnée.*

Et comme si la confusion n'était déjà pas suffisante, M. Zundel dit que dans *l'ophthalmie interne*,
l'iris se montrerait assez souvent *rouge* au début
pour passer ensuite à *l'orangé* et puis au *jaune* (*terre
de Sienne*, ou *teinte feuille-morte*) ; de sorte que ces
nuances que nous avions de la tendance à croire
spéciales à la fluxion, ne lui seraient pas exclu-
sives.

*Pupille.* — La plupart des écrivains parlent de
l'état de la pupille pendant les accès : Gohier,
U. Leblanc, Hurtrel, M. Rey, M. Lafosse et M. Zundel signalent son resserrement, sa *contraction* ou son
*rétrécissement ;* il y a sous ce rapport un ensemble que
l'on voudrait constater à l'égard de tous les symp-

tômes. Mais cet ensemble s'explique lorsque l'on sait que dans toutes les affections oculaires s'accompagnant de photophobie, le resserrement de la pupille est fatal. Il n'y a donc rien à en tirer touchant l'unité morbide de la fluxion.

*État du fond de l'œil.* — Le fond de l'œil réfléchit, d'après M. Zundel, une teinte *verdâtre, feuille-morte* ou *vert de bouteille* à la première période; mais ce symptôme s'observerait aussi dans d'autres cas. Selon le même auteur, le fond de l'œil a une teinte d'un *blanc un peu jaunâtre* à la deuxième période. A cette période également, la teinte est uniformément *blanche* ou d'un *blanc mat un peu jaunâtre*, d'après M. Reynal.

Par contre à cette deuxième période, Mignon dit que l'œil réfléchit une teinte de *feuille-morte*; et pour M. Rey, le fond de l'œil est couleur *feuille-morte* ou *cendrée.*

Enfin, c'est à la fin de l'accès que Godine signale au fond de l'œil la couleur *vert foncé* ou *cul de verre.*

Il est, comme on le voit, difficile de savoir à quoi s'en tenir au sujet de la nuance du fond de l'œil pendant les différentes périodes de l'accès de fluxion et, de plus, on ne sait si on doit y attacher de l'importance puisque, selon M. Zundel, la couleur dite de *feuille-morte* de cette partie du globe pourrait s'observer également dans d'autres maladies oculaires.

*Deuxième trouble de l'humeur aqueuse.* — C'est Chabert qui, le premier, a signalé le trouble qui précéderait la dissolution de l'hypopion. Tous les auteurs sont loin de reconnaître l'existence de ce symptôme : il est vrai que Huzard, Hurtrel, Mignon, M. Rey, M. Lafosse, M. Zundel et MM. Hocquard et Bernard le citent comme constant; mais, par contre, Gohier dit nettement qu'il est inappréciable dans le plus grand nombre des cas; U. Leblanc garde le silence à son égard ; pour M. Hamon et M. Reynal, il existe quelquefois, mais non toujours : pour M. Bouley, il constitue seulement le cas le plus ordinaire ; enfin, pour M. Rey, il n'existerait pas dans l'ophthalmie symptomatique des affections de l'appareil digestif, que beaucoup considèrent comme étant la fluxion périodique.

Hartrel parle d'une précipitation nouvelle qui succèderait au deuxième trouble dont il vient d'être fait mention ; il en fait le cinquième temps, ou la cinquième période de l'accès. Tous les autres auteurs sont muets à cet égard.

*Durée de l'accès.* — L'accès durerait quinze jours en moyenne pour M. Hamon ; de *deux* à quinze jours pour Mariot-Didieux ; de douze à quinze jours *au plus* pour Mignon ; de douze jours à trois semaines pour M. Lafosse ; de une à trois semaines pour M. Zundel, enfin de douze à quinze jours, jusqu'à *six mois* pour M. Rey. M. Hamon, M. Reynal et MM. Hocquard et Bernard citent également des accès de longue durée. J'ai vu, moi-même, une excellente jument hongroise à deux fins, qui pendant plus de trois mois, a présenté à l'œil droit, et sans modifications appréciables, les symptômes attribués à la deuxième période des accès de fluxion : l'hypopion s'est enfin résorbé ; la pupille s'est ouverte, et comme terminaison, j'ai pu constater une opacité complète du cristallin avec conservation du volume du globe de l'œil.

Il m'est impossible d'admettre que la maladie qui dure deux jours, deux et même trois semaines, soit la même que celle qui demande trois ou six mois pour évoluer complètement.

de l'intermittence.

Si les auteurs présentent des variations étonnan-
tes dans leurs descriptions, il est au moins un point
sur lequel *la plupart* sont d'accord : c'est que le retour de la maladie constitue un signe *certain* devant
lequel toute considération doit céder ; et il le faut
bien, puisque les autres symptômes sont peu con-
cordants et, quelquefois même, exclusifs les uns des
autres.

Hurtrel et son continuateur, M. Zundel, ne sont
cependant pas de cet avis : pour le premier, l'ophthalmie interne « est très sujette à laisser dans la
capsule propre de l'humeur aqueuse une diathèse
inflammatoire qui *favorise les récidives*, et presque toujours l'ophthalmie périodique *en est la suite*..... Le
cheval qui doit contracter cette redoutable affection,
commence par éprouver une ophthalmie *dont le type
n'est pas continu*..... Au surplus, l'ophthalmie, dans
ses divers états, peut devenir fatale par sa perma-
nence et *ses retours*, et *dégénérer* en *ophthalmie périodique*..... » Gohier et U. Leblanc avaient déjà signalé la transformation, le premier, de l'ophthalmie
externe, et le second, de l'ophthalmie interne — ce
qui est la même chose d'après les descriptions — en
fluxion périodique. Quant à M. Zundel, il s'exprime
ainsi : « Certes, l'ophthalmie interne *récidive facilement* ; mais ces récidives ne viennent pas à des intervalles réguliers. » Contrairement à l'opinion de
Hurtrel, M. Zundel ne pense pas que la fluxion périodique puisse être amenée par cette ophthalmie à
récidives.

Il y aurait donc, selon les deux auteurs cités,
une ophthalmie interne susceptible de récidiver, et
qui cependant, *ne serait pas la fluxion* : comme on le
voit, la contradiction est flagrante entre eux et les

autres écrivains. Ajoutons aussi, comme nous l'avons déjà fait remarquer ailleurs, que certains cas sont considérés comme fluxion périodique, quoiqu'ils ne se renouvellent pas.

### Symptômes principaux pendant l'intermittence.

Ces symptômes ou lésions consécutives aux accès, si l'on en excepte la cécité, étaient complètement inconnus des hippiâtres : Solleysel dit nettement que, passé le temps de la fluxion, on ne s'aperçoit plus qu'il y ait eu de couleur *feuille-morte*. Nous allons les passer successivement en revue, en suivant le même ordre que pour l'étude de la maladie pendant les accès.

*Cornée transparente.* — Suivant M. Hamon, elle est *bleuâtre, ardoisée*, et présente une multitude de vaisseaux sanguins. Après la résorption du dépôt, M. Bouley signale une *légère teinte ardoisée*. Pour Mariot-Didieux, la cornée présenterait *quelques stries bleuâtres* qui ne tardent pas elles-mêmes à disparaître.

D'autre part, M. Reynal parle de *quelques stries blanchâtres* et un reflet *verdâtre* à la partie inférieure ; enfin MM. Hocquard et Bernard indiquent simplement la vascularisation sans parler de la nuance.

*Iris.* — Markam parle déjà de la couleur *jaunâtre* de l'œil quand il est mieux : cette indication semble se rapporter à l'iris ; elle pourrait peut-être aussi s'appliquer aux milieux oculaires profonds. Leblanc, Hurtel, MM. Reynal, Bouley, Zundel signalent tous la couleur *jaunâtre, feuille morte* de l'iris ; M. Rey dit que le fond de l'œil est *blanc jaunâtre (œil de verre, œil de chat)* : cette dernière expression fait penser que l'auteur veut indiquer l'iris.

5

Mais il y a des vétérinaires, et notamment Hamon, Mariot-Didieux et M. Lafosse qui ne citent pas ce symptôme remarquable ; et, d'autre part, Mignon parlant de la couleur *de l'œil*, qui doit, pensons-nous, s'appliquer à l'iris, dit que la teinte *feuille morte* est le signe *spécifique* de la fluxion pendant l'intermittence.

Si Mignon est dans le vrai, comment expliquer le silence des auteurs dont nous avons rappelé les noms ci-dessus ?

*Pupille.* — Elle est resserrée et paresseuse (Gohier) ; resserrée, se dilatant peu et finissant par ne plus se dilater du tout (Mariot-Didieux) ; resserrée après quelques accès (M. Rey) ; rétrécie ou contractée (MM. Lafosse, Bouley, Zundel).

Mais voici des opinions différentes : elle semble dilatée (Mignon) ; elle est très large ou resserrée (U. Leblanc) ; plus dilatée qu'elle ne devrait l'être, même largement dilatée (Hurtrel) ; elle est rétrécie, et, dans certains cas, relâchée et comme déchirée (M. Hamon) ; elle présente une dilatation extrême ou une fermeture presque complète (Reynal) ; elle est parfois soudée, resserrée ; d'autres fois agrandie, déchiquetée (MM. Hocquard et Bernard).

Ces états si opposés ne peuvent guère être attribués à une maladie unique. Ils sont en rapport, comme nous le verrons plus loin, avec les terminaisons si différentes que l'on reconnaît à la fluxion.

Parlant de ce qui existe dans le champ de la pupille, Hurtrel signale des segments comme saneux qui se voient quelquefois ; M. Lafosse mentionne des tractus, des flocons adhérents aux grains de suie, et qui traversent parfois le champ de la pupille : ils se voient souvent, même après le premier accès. MM. Hocquard et Bernard expriment la même opi-

nion que M. Lafosse : ils signalent des filaments
blanchâtres qui seraient, selon eux, les restes d'un
exsudat de la face postérieure de l'iris ; ils man-
queraient rarement, même après un premier accès.
M. Zundel parle des filaments irréguliers qui paraissent comme suspendus *au milieu des humeurs*, et qui
ont une grande valeur diagnostique. Mariot-Didieux
avait dit, le premier, qu'il y a *toujours* des petits filaments irréguliers suspendus dans le corps vitré.

En présence d'affirmations aussi formelles touchant l'existence de ces filaments, on est en droit de
se demander comment les écrivains autres que ceux
qui viennent d'être nommés ont pu oublier de les
mentionner. Il est certain qu'il y a exagération d'un
côté, et défaut d'observation de l'autre ; car si les
filaments signalés d'abord par Mariot-Didieux existent quelquefois — et ils existent en effet, — on voit
nombre de cas réputés appartenir à l'intermittence de
la fluxion, dans lesquels leur présence fait absolument défaut.

*Cristallin*. — M. Lafosse parle de points opaques
— *blancs* ou *noirs* — qui se dessinent dans le cristallin. MM. Hocquart et Bernard exprimant encore
une opinion semblable à celle de M. Lafosse, disent
que souvent on trouve sur la face antérieure de la
cristalloïde, au milieu de l'ouverture pupillaire, de
petits dépôts *noirs punctiformes*, bien visibles à l'é-
clairage oblique. La plupart des auteurs signalent
les opacités *blanchâtres* ou *jaunâtres* du cristallin, mais
je crois qu'aucun ne parle de ces points noirs.

*Etat du fond de l'œil*. — Cette expression est employée fréquemment, sans qu'il soit toujours possible de saisir la signification que lui attribuent les
auteurs. Il me semble qu'en parlant de la nuance du
fond de l'œil, on doit avoir en vue celles que réflé-

chissent les milieux visibles à travers la pupille : le cristallin et le corps vitré. Or, si telle est, en effet, la pensée de la plupart des écrivains, il en est d'autres qui, évidemment, emploient cette expression comme synonyme d'iris, ainsi que nous l'avons déjà fait remarquer pour Mignon et M. Rey ; ajoutons que d'autres, enfin, se servent d'expressions différentes, et disent simplement les *humeurs*, les *milieux* de l'œil, ce qui contribue encore à jeter la confusion dans une question assez peu claire ainsi qu'on va le voir.

Le fond de l'œil est *vert de mer* ou *fauve jaunâtre* pour U. Leblanc ; le corps vitré a la nuance *cul-de-verre* pour Hurtrel, et, pour Mignon, cette nuance est *terne* et *foncée*. Le fond de l'œil a une teinte *jaunâtre*, et la lumière qu'il réfléchit a quelque chose de *plus intense* ; le globe oculaire paraît plus lumineux ; plus tard, la nuance devient *verdâtre* (Mariot-Didieux). Les milieux de l'œil reflètent une teinte *terne feuille-morte* ou *glaucome* (Lafosse). Le fond de l'œil, comme l'iris, reflète une teinte *feuille morte* ou *verdâtre* (Reynal). Pour M. Rey, les humeurs conservent leur *transparence normale* ou donnent la teinte de *feuille morte*. D'après Zundel, le fond de l'œil est plus brillant et présente, en outre, une couleur jaune un peu verdâtre ; toutefois, il y a des cas de fluxion où cette teinte fait complètement défaut ou n'est pas perceptible. Enfin MM. Hocquard et Bernard disent que lorsque le corps vitré peut être aperçu, il se montre *blanc-jaunâtre*.

En résumé, pour la plupart des auteurs nommés ci-dessus, le fond de l'œil est plus ou moins *jaunâtre verdâtre, vert de mer, cul de verre* ; expressions qui peuvent jusqu'à un certain point passer pour synonymes ; mais il est difficile de savoir si la lumière réfléchie est plus intense et le globe oculaire plus lumineux ;

si le fond est plus brillant, ou si, au contraire, ce fond est terne et foncé ?

Enfin, toutes ces données ont-elles une signification diagnostique, puisque la teinte jaune verdâtre ne se rencontre pas dans tous les cas ; puisque la transparence des humeurs peut être conservée ?

### Durée de l'intermittence

Ici, nous trouvons les chiffres les plus variables : Mariot-Didieux a observé de nouveaux accès après 7, 9, 11, et 15 jours, et après 54, 65, 69, 71 jours ; Hamon en a constaté après 15 et 20 jours : il pense que la moyenne de l'intermittence la plus courte peut être portée de 4 à 6 semaines ; les termes les plus longs qu'il ait observés, sont de 10, 15, 18 et même 20 mois. M. Lafosse qui a vu survenir plusieurs attaques dans l'espace de 30 jours, pense que ce dernier chiffre constitue une moyenne, car il a vu des accès se reproduire après plusieurs mois. M. Rey indique les durées extrêmes de 8 jours et 15 mois.

En écrivant ces chiffres, je me demande de bonne foi comment l'on peut appeler intermittente ou périodique, une maladie qui revient — et non d'une façon régulière — après 10, 15 ou 20 mois ? Mais à ce compte-là, toutes les maladies pourraient être intermittentes : le *clou de rue* lui-même n'en serait pas exempt ! N'oublions pas que l'on admet que la fluxion peut consister en un seul accès qui parcourt rapidement ses périodes, ou qui, au contraire, dure fort longtemps, en présentant de temps à autre des exacerbations.

Ainsi, d'une part, l'intermittence peut être nulle ; d'autre part, elle peut se manifester à des intervalles considérables; enfin, elle peut se produire après quelques jours seulement : voilà, on en conviendra, un caractère d'une élasticité rare !

Rappelons à ce propos, que U. Leblanc et Hurtrel se basaient sur la longueur et la variabilité du temps qui sépare deux attaques, pour établir une différence entre l'ophthalmie intermittente ou à récidives, et la fluxion périodique. M. Zundel se rattache quelque peu à cette opinion.

### Marche de la maladie.

Tous les auteurs modernes sont d'accord pour reconnaître que la fluxion peut, selon les cas, n'attaquer qu'un œil, toujours le même, et disparaître définitivement lorsque cet œil est perdu, ou, au contraire, se reporter sur l'autre qu'elle compromet et perd à son tour; elle peut attaquer les deux yeux simultanément ou alternativement; ou se reporter d'un œil sur l'autre et occasionner la perte de celuici pendant que le premier guérit; ou n'avoir qu'un accès sur un seul œil, mais tellement intense que, d'emblée, cet organe est fatalement condamné.

Je ferai remarquer tout d'abord qu'une maladie qui se borne à un œil, n'est pas tout-à-fait assimilable à celle qui, de cet œil, se jette sur l'autre : ce que l'on sait aujourd'hui de l'ophthalmie sympathique n'autorise pas à faire cette confusion.

L'accord que je signalais tout à l'heure entre les auteurs vétérinaires, cesse d'exister quant aux proportions relatives des cas qui ont été énumérés: c'est ainsi que pour M. Bouley, la fluxion bornerait ordinairement ses attaques à un seul œil, et respecterait l'autre; les cas où la fluxion attaquerait les deux yeux, soit simultanément, soit successivement, seraient tout-à-fait exceptionnels ; la maladie ferait

donc surtout des chevaux *borgnes*. Selon Mariot-
Didieux, au contraire, les quatre cinquièmes des
chevaux fluxionnaires deviendraient *aveugles*, et les
autres ne perdraient qu'un œil.

### Terminaisons de la maladie.

Selon Vitet, la fluxion se termine par la cataracte,
qui serait aussi pour Mignon la fin la plus ordinaire. Selon U. Leblanc et Hamon, ce serait par
l'atrophie de l'œil, la cataracte ou l'amaurose :
Hamon prétend que sur vingt chevaux fluxionnaires,
dix-huit présentent la cataracte. Hurtrel ajoute à ces
modes de terminaison le trouble permanent de l'humeur aqueuse, et M. Lafosse, les taies, l'albugo et
l'hydrophthalmie. M. Reynal et MM. Hocquart et
Bernard citent en outre l'ulcération spontanée du
globe oculaire : accident rare, disent-ils, qui se produit en quelques jours et amène la sortie des milieux
et la fonte du globe. D'après Mariot-Didieux, les
terminaisons seraient la cataracte ou l'amaurose,
avec conservation du volume de l'organe affecté chez
les chevaux qui ne perdent qu'un œil : ces animaux
ne présenteraient que *très exceptionnellement l'atrophie*.
M. Bouley, pour qui, nous venons de le dire, la
fluxion fait surtout des borgnes, nous apprend, au
contraire, qu'elle éteint la vision, soit en déterminant — *ce qui est le cas le plus ordinaire* — l'atrophie
de l'œil et l'épaississement du cristallin (cataracte),
soit que, ce qui est plus rare, elle produise l'a-
maurose

Entre les données fournies par les deux derniers
auteurs, il y a donc cette notable différence que pour
Mariot-Didieux, les chevaux borgnes conservent l'œil
cataracté avec ses dimensions habituelles, tandis
que pour M. Bouley, ces mêmes chevaux présenteraient la cataracte avec l'atrophie de l'œil.

Il m'est également impossible de ne pas faire remarquer les différences qui existent entre toutes les terminaisons indiquées : pour m'en tenir aux principales, est-ce que la maladie qui produit la cataracte peut être la même que celle qui amène l'amaurose ? Et la maladie qui détermine l'atrophie, doit-elle être de même nature que celle qui laisse à l'œil ses dimensions normales ? Et dans toutes ces terminaisons, le processus est-il identique à celui qui, parfois, amène l'ulcération du globe et la perte de ses milieux ?

Poser ces questions équivaut à les résoudre.

### L'ophthalmie symptomatique des affections intestinales est-elle la fluxion périodique ?

Deux opinions opposées sont en présence : Garsault dit que la lunatique provient de l'obstruction des viscères et du bas-ventre. Hamon, Mariot-Didieux, Reynal et M. Bouley ne font aucune différence entre l'ophthalmie symptomatique et celle qui ne se rattache à aucune maladie gastro-intestinale.

Par contre, M. Lafosse, M. Rey et MM. Hocquart et Bernard soutiennent l'opinion opposée.

### Diagnostic.

*Pendant l'accès*. — Il est possible de distinguer avec *certitude* les symptômes de la fluxion périodique de ceux d'une ophthalmie aiguë ordinaire (Mariot-Didieux).

Le diagnostic est *certain* si l'on peut constater les périodes (Rey, Lafosse, Zundel). Pour le premier, le trouble précédant la disparition de l'hypopion, et la couleur feuille-morte du fond de l'œil, sont des signes aussi *positifs* que la succession des périodes ; pour M. Lafosse, l'hypopion avec éclaircissement des humeurs est *caractéristique* de la fluxion périodique dans toute ophthalmie idiopathique : ce signe n'existe, du reste, jamais seul. Enfin, pour M. Zundel, le larmoiement séreux et limpide, le dépôt jaunâtre à *concavité* supérieure, et le trouble précédant sa disparition seraient *caractéristiques*.

Le diagnostic *semble facile* à MM. Hocquart et Bernard ; mais ils indiquent des lésions qui dénotent, ou de nombreux accès, ou un accès très violent.

Le diagnostic est *facile* pendant les accès *bien caractérisés* (M. Bouley).

On se souvient que pour Hamon, Reynal et Mignon, l'hypopion est le signe *pathognomonique*, le signe *spécifique* de la fluxion. Cependant M. Reynal émet une opinion moins absolue lorsqu'il dit : « On peut *presque* affirmer l'existence de la fluxion périodique lorsque la maladie se manifeste par accès, qu'il y a successivement trouble de l'humeur aqueuse, formation et disparition du dépôt floconneux avec accompagnement des symptômes particuliers à ce phénomène pathologique » Ailleurs, le même auteur dit qu'il est souvent difficile, *même pour un œil exercé*, de distinguer les symptômes de la fluxion de ceux de l'ophthalmie simple, à type continu, et due à des causes essentiellement externes.

Le diagnostic est *à peu près impossible* pendant les premiers accès (Hurtrel) ; il est *difficile* pendant un premier et même un deuxième accès qui, souvent, ne présentent pas d'hypopion (Hamon) ; il est souvent *impossible* pendant un premier accès (H. Bouley) ; il est très souvent *difficile* (Gohier, Huzard) ; il est *difficile* aussi longtemps que l'œil a conservé ses dimensions normales : jusque là, *la récidive seule caractériscrait véritablement la fluxion* (U. Leblanc).

En rapprochant toutes ces données, on voit que, sauf pour Mariot-Didieux, le diagnostic est très difficile, ou même impossible pendant les premiers, ou au moins le premier accès. Et lorsque ceux qui suivent sont bien caractérisés on doit encore éprouver souvent de l'hésitation, si l'on se rappelle combien les auteurs varient dans leurs descriptions touchant les symptômes principaux : c'est alors que l'on est tenté d'adopter l'opinion de U. Leblanc exprimée ci-dessus.

Lorsque la récidive apparaît, peut-on enfin, dans tous les cas, porter un diagnostic certain; la maladie que l'on voit se manifester pour la deuxième fois sera-t-elle reconnue par tout le monde, et sans contestation possible, pour être l'ophthalmie périodique ? *Oui*, dans les cas bien caractérisés; *non* dans les autres, si l'on s'en rapporte à Hurtrel et à M. Zundel qui distinguent une ophthalmie à récidive de la fluxion périodique.

De sorte que, en définitive, le diagnostic manquant de base sérieuse dans de nombreuses circonstances où l'œil a encore conservé son volume normal, on doit renoncer à se prononcer. Il ne reste donc plus comme symptôme certain que l'atrophie commençante : on conviendra que c'est bien peu, puisque dans nombre de cas reconnus comme appartenant à la fluxion, l'atrophie ne se produit jamais.

Voilà à quelle précision de diagnostic les auteurs nous conduisent par leurs contradictions ! Que l'on s'étonne, après cela, des divergences d'opinions qui éclatent entre confrères, et qui sont l'occasion de procès longs et coûteux !

*Pendant l'intermittence.* — Il existe toujours dans l'œil, après un ou plusieurs accès, des caractères suffisants pour que le vétérinaire puisse se prononcer (Mariot-Didieux).

Le diagnostic est possible dans la grande majorité des cas, car l'œil ne recouvre jamais son intégrité première (Hocquart et Bernard).

Le diagnostic est habituellement possible après un ou deux accès, l'œil revenant rarement tout-à-fait à son état normal (Zundel).

Après un ou deux accès, en y regardant de très près, on peut déjà apercevoir quelques signes (Hurtrel).

Le diagnostic est assez facile après les accès (Lafosse); mais il faut remarquer que cet auteur parle d'accès très violents.

Pour M. Bouley, le diagnostic est généralement assez facile après plusieurs accès; avec cette restriction, toutefois, que des maladies autres que la fluxion peuvent produire les mêmes lésions.

Le diagnostic est souvent impossible après les premiers accès; mais il peut se porter après un certain nombre de ces attaques (Reynal).

Selon Mignon et M. Rey, le diagnostic est impossible après les premiers accès.

Enfin selon M. Hamon, il serait *toujours* impossible pendant les intermittences.

On voit que pour la plupart des auteurs, la fluxion est difficile à reconnaître après les premiers accès; et si, pour Mariot-Didieux et MM. Hocquard et Bernard, le diagnostic est toujours ou *presque toujours possible*, d'autre part, nous voyons que pour M. Hamon, il serait *toujours impossible* : les lésions que l'on observe alors ne pouvant que *faire soupçonner* l'existence de la maladie.

### C) — *Résumé.*

L'étude impartiale à laquelle nous venons de procéder, fait surgir en notre esprit que nous avons essayé d'affranchir de toute idée préconçue, des doutes nombreux qu'il cherche en vain à éclaircir :

Est-il légitime d'assimiler aux accès classiques de fluxion périodique, les affections oculaires qui n'en présentent pas les symptômes principaux ? Est-il légitime de faire cette assimilation pour les maladies chez lesquelles on voit se manifester inopinément quelques-uns de ces symptômes, sans qu'ils soient précédés, accompagnés ou suivis de ceux qui dans la fluxion périodique, en sont les compagnons habituels ?

*Pendant les accès,*

La tuméfaction des paupières doit-elle être considérable ; ou ne doit-on pas tenir compte de ce symptôme ?

Le larmoiement doit-il être très abondant ? Que doit-on décider lorsque les larmes font défaut ? Celles-ci doivent-elles être pures, limpides ; ou doivent-elles être mêlées de chassie ?

Le globe oculaire doit-il présenter un excès ou une diminution de tension ? Que conclurai-je si cette tension est normale ?

Faut-il que la douleur éprouvée par le malade soit considérable ? Que décider si elle est nulle ou inappréciable ?

Faut-il que la cornée soit blanchâtre ou jaunâtre à la première période ?

L'humeur aqueuse doit-elle présenter un trouble ? Quelle est la valeur de ce symptôme qui peut exister également dans l'ophthalmie interne simple ?

Faut-il que l'humeur aqueuse devienne noirâtre, ou rouge-violacé, ou jaunâtre ? Faut-il qu'elle change successivement plusieurs fois de couleur ?

L'hypopion doit-il être jaune-verdâtre ? Et s'il est blanc ou de toute autre couleur, que doit on en conclure ?

Faut-il qu'à la dernière période, ce précipité soit verdâtre, ou jaune-grisâtre, ou gris terne ?

Doit-il affecter la forme d'un segment de cercle ou celle d'un croissant ; celui-ci doit-il être à concavité ou à convexité supérieure ? Quelle signification sera donnée aux dépôts sédimenteux à niveau supérieur horizontal et variable, ainsi qu'à ceux dont la forme est absolument irrégulière ? Et pour tout dire, l'hypopion est-il le signe caractéristique, pathognomonique de la fluxion ; ou peut-il se rencontrer dans d'autres maladies ?

Que penser du faux hypopion qui résulte de l'infiltration interstitielle de la cornée ? Est-il possible de le distinguer de celui qui a son siège dans la chambre antérieure ?

Faut-il que l'iris soit jaune ou qu'il soit rouge ? La coloration jaune doit-elle occuper toute la membrane, ou la partie inférieure seulement ? La nuance rouge doit-elle se voir au bord interne ou sur toute la surface ? Enfin, ces nuances sont-elles spéciales à la fluxion ?

A quelle période le fond de l'œil doit-il présenter la couleur feuille-morte, vert de bouteille, vert foncé ou cul-de-verre ? Et à la deuxième période, l'œil doit-il réfléchir cette même nuance ou être de couleur cendrée, ou enfin, d'un blanc plus ou moins jaunâtre.

Toutes ces nuances sont-elles propres à la fluxion, ou se voient-elles dans le cours d'autres maladies ?

Un nouveau trouble doit-il précéder la dissolution de l'hypopion ? Et si ce caractère a toute l'importance qu'y attachent certains auteurs, est-il permis de ne pas se préoccuper de son absence ?

Existe-t-il une deuxième précipitation après ce trouble ?

Peut-on admettre qu'un accès qui dure de trois à six mois, soit de même nature que celui dont la durée varie de deux à quinze ou vingt jours ?

La *récidive* est-elle le propre de la fluxion ? Peut-on l'observer dans d'autres maladies de l'œil ? Y a-t-il fluxion périodique lorsque la maladie ne consiste qu'en un seul accès ?

*Pendant l'intermittence,*

La cornée doit-elle être bleuâtre, ardoisée, ou blanchâtre avec reflet verdâtre ?

La teinte feuille-morte de l'iris est-elle le signe spécifique de la fluxion ? Que faut-il décider lorsque cette nuance n'existe pas ?

La pupille doit-elle être dilatée ou resserrée ?

Doit-on voir des filaments flottants à travers la pupille ? Y a-t-il fluxion lorsqu'on ne les rencontre pas ? Et, lorsqu'ils existent, adhèrent-ils au bord de la pupille, aux grains de suie, ou doivent-ils flotter dans le corps vitré ?

Le cristallin doit-il présenter des points blancs ou des points noirs ? Et, lorsqu'ayant conservé sa transparence, il n'en présente d'aucune façon, que convient-il de décider ?

Que doit-on entendre par cette expression : *le fond de* l'œil ? Et si l'on est d'accord sur ce point, le fond de l'œil doit-il être blanc jaunâtre, ou verdâtre, vert de mer ? A quelle opinion s'arrêter lorsque l'on ne rencontre aucune de ces nuances ? Enfin, le fond de l'œil doit-il être plus brillant, plus lumineux, ou être, au contraire, terne et foncé ?

Une intermittence de quinze, dix-huit ou vingt mois, — après laquelle la maladie qui survient n'est en somme qu'une récidive, — peut-elle avoir la même signification que celle qui dure seulement sept, quinze, trente ou même soixante jours, alors que la maladie doit, au contraire, être assimilée aux rechutes ? N'est-il pas certain que dans le premier cas, toute affection aiguë antérieure avait disparu ; tandis qu'on n'en saurait dire autant lors de rechute ? Ne peut-on pas, dans tous les cas maladifs imaginables, — en faisant toutefois une exception en faveur des affections spécifiques, — observer des récidives après un délai de quinze ou vingt mois ?

La maladie qui fait perdre un œil et respecte l'autre, est-elle de même nature que celle qui détermine l'ophthalmie sympathique ?

La fluxion qui rend le cheval borgne, détermine-t-elle l'atrophie de l'œil, ou lui conserve-t-elle son volume normal en donnant lieu à l'amaurose dans certains cas, et en rendant seulement le cristallin opaque dans certains autres ? Et, lorsque survient l'atrophie du globe, peut-on admettre que la maladie qui la précède et la prépare, soit de même nature que lorsque ce phénomène ne se produit pas ?

De même, la maladie qui produit la cataracte, doit-elle siéger sur les mêmes organes que la maladie à laquelle succède l'amaurose ?

Y a-t-il identité de nature entre toutes ces affections et celle qui, à bref délai, amène la perforation du globe et la sortie des milieux ?

L'ophthalmie symptomatique des affections intestinales est-elle ou n'est-elle pas la fluxion périodique ?

Ajoutons enfin à tous ces motifs de doute et d'hésitation, ceux qui résultent de l'indécision du *diagnostic* : on se souvient que s'il est à peu près généralement admis qu'il y a impossibilité de reconnaître la fluxion pendant les premiers accès, il n'est même pas possible d'affirmer avec certitude l'existence de cette maladie pendant les accès ultérieurs, en raison des symptômes contradictoires que décrivent les auteurs.

D) — *Conclusions.*

De tout ce qui précède, je crois être en droit de conclure :

1° Que les symptômes variés et souvent contradictoires décrits par les auteurs, et attribués par eux à une maladie unique, doivent au contraire s'appliquer à plusieurs affections dont le fond, la nature *peut* être identique, mais dont le siège est évidemment différent;

2° Que la faculté de récidive ou de rechute est commune à ces affections;

3° Enfin et nécessairement, que *la fluxion périodique ne constitue pas une entité morbide distincte.*


## § II. La fluxion périodique est-elle particulière aux solipèdes, et notamment au cheval ?


Si j'ai pu réussir à démontrer que la fluxion, au lieu d'être une affection bien définie, représente plutôt un groupe de maladies confondues sous une même dénomination, j'aurai déjà fait beaucoup pour la solution de la question incrite en tête de ce chapitre ; toutefois, cela ne saurait suffire.

En effet, la plupart des auteurs, et avec eux — cela est tout naturel — l'immense majorité des vétérinaires, pensent que cette question doit être résolue par l'affirmative. Or, j'ai dit au début de ce travail que, selon moi, une semblable croyance constitue une erreur : je me propose donc de démontrer que cette croyance ne repose en réalité sur aucune base sérieuse, et que de plus, on peut constater chez l'homme *tous* les caractères assignés par nos auteurs à la fluxion périodique.

Si je recherche l'existence de ces caractères chez l'homme, c'est que, de ce côté, les éléments surabondent, tandis qu'ils font presque complètement défaut en ce qui concerne les animaux domestiques autres que les solipèdes.

A) — *Ce que vaut l'opinion généralement admise.*

Cette opinion n'est pas — et surtout n'a pas été de tout temps absolument incontestée : c'est ainsi que je puis m'appuyer pour soutenir l'opinion contraire, de l'autorité de Gohier, de U. Leblanc, de Youatt (1), de M. Lafosse (de Toulouse), de Cruzel et d'autres vétérinaires, qui ont vu et décrit des ophthalmies revenant périodiquement chez des animaux des diverses espèces. Parmi les praticiens, Lapoussée (d'Agen) a constaté l'ophthalmie intermittente sur deux bœufs et une vache : cette maladie « a offert les mêmes symptômes, les mêmes périodes et la même terminaison que sur le cheval (2). » L'auteur parle notamment d'un nuage ou flocon albumineux, de couleur jaunâtre, qui, « comme on le sait, dit-il, est le signe unique et caractéristique de ce genre de fluxion ». Les yeux malades ont fini par présenter la cataracte.

Cruzel s'exprime ainsi qu'il suit : « L'ophthalmie périodique.... est une maladie que l'on a cru pendant quelque temps particulière aux solipèdes, et qui cependant affecte quelquefois les animaux de l'espèce bovine dans certaines localités....

_______

(1) Cité par MM. Hocquart et Bernard.
(2) *Journal des vétér. du Midi*, 1839.

« Les symptômes sont les mêmes à de légères différences près, que ceux remarqués sur les solipèdes fluxionnaires ;… cette maladie n'est jamais aussi intense sur le bœuf que sur le cheval ;…. les accès sont également moins fréquents chez le premier que chez le second ; mais ils sont d'une durée plus longue ;…. la maladie se termine par l'amaurose ou par la cataracte ; elle borne habituellement son action à un œil unique ; aussi la cécité complète est-elle un état très rare sur le bœuf…. (1). »

D'autre part, Gohier, dans son cours manuscrit, dit avoir vu un cas de fluxion sur une vache ; des chiens lui ont aussi paru en être affectés. Le même professeur cite un vétérinaire de son temps nommé Bayron, qui avait observé la fluxion sur une vache âgée de trois ans, et sur un taureau de deux ans : chez la vache, les accès se montraient tous les six mois. Enfin, Gohier cite encore de Gasparin qui aurait observé la même maladie sur des bêtes à laine, où elle reparaissait à peu près tous les mois.

L'un de nos collègues, M. Cornevin, a eu l'occasion de voir, parmi les animaux de la ferme expérimentale de l'Ecole vétérinaire de Lyon, une vache qui a présenté à plusieurs reprises, et à peu près de mois en mois, une ophthalmie aiguë qui s'est terminée par l'amaurose, ainsi que j'ai pu m'en convaincre.

Le temps m'a manqué pour compulser nos recueils où j'aurais certainement trouvé d'autres observations à joindre aux précédentes.

Mariot-Didieux reconnaît bien qu'une ophthalmie aiguë, *quelquefois périodique*, peut se rencontrer sur les différentes espèces animales ; toutefois, il ne l'assimile pas à la fluxion « *maladie qui a des caractères spéciaux* (1). »

(1) *Traité pratique des maladies de l'espèce bovine.*
(2) *Loc. cit.*

On a vu combien ces caractères « spéciaux » le sont peu.

Malgré les idées émises par les écrivains dont les noms ont été cités plus haut, la fluxion, je le répète, est à peu près universellement considérée aujourd'hui comme particulière aux solipèdes : il n'y a pour s'en convaincre, qu'à consulter les auteurs modernes

Le plus récent d'entre eux, M. Galtier, dans son *Traité de Jurisprudence commerciale et de médecine légale* qui vient de paraître, et dont je n'ai pu parler plus tôt, — M. Galtier s'exprime ainsi : « On s'accorde généralement à reconnaître que la fluxion périodique des yeux est une maladie propre aux animaux solipèdes, assez fréquente chez le cheval, rare sur le mulet et très rare chez l'âne. »

Toutefois, ce n'est là qu'une opinion dont la tradition constitue la seule base, et à laquelle on pourrait, en définitive, opposer avec quelque avantage celle qu'ont exprimée Gohier, Leblanc, M. Lafosse, etc., — opinion qui, elle, s'appuyait sur des faits d'observation. Mais voici que deux auteurs dont nous avons déjà cité le travail, — MM. Hocquart et Bernard, — n'hésitent pas à dire « qu'il y a lieu de penser que Lapoussée, Leblanc, Youatt, M. Lafosse et les autres praticiens qui disent avoir observé la fluxion sur le bœuf, le mouton et le porc, se sont trompés sur la nature de l'affection qu'ils ont décrite.»—Avant de déclarer que des praticiens de la valeur de ceux dont les noms précèdent, se sont trompés, MM. Hocquart et Bernard auraient peut-être bien fait d'y réfléchir plus longuement et d'y apporter un peu de réserve : le premier qui est médecin aide-major, et le deuxième qui est vétérinaire militaire, ne semblent véritablement pas très bien placés pour parler des choses de la médecine bovine ovine et porcine.

Et pourquoi U. Leblanc, M. Lafosse, etc., se seraient-ils trompés? — Parce que la fluxion étant, — et surtout *ayant été* très fréquente chez le cheval, tandis que les cas observés sur les autres espèces sont peu nombreux, ceux-ci ne sauraient être de même nature que celle-là !

Que l'on veuille bien y réfléchir, et l'on verra que, en réalité, il n'y a pas autre chose dans l'appréciation de MM. Hocquart et Bernard, ainsi que dans l'opinion de tous les auteurs qui ont écrit sur la matière, et se sont prononcés dans le même sens. On conviendra que c'est bien insuffisant.

Tout le monde sait que le goître est plus fréquent et acquiert de plus grandes proportions chez l'homme que chez les animaux : or, je ne sache pas que personne soit venu prétendre, pour cela, que cette maladie appartient exclusivement à notre espèce.

Afin de bien accentuer leur opinion, MM. Hocquart et Bernard ajoutent : « AINSI QUE LA MORVE ET LE FARCIN, L'OPHTHALMIE PÉRIODIQUE EST UNE MALADIE DU CHEVAL, COMME LA LADRERIE EST UNE MALADIE DU PORC. »

Quoique la ladrerie ne soit pas une maladie spéciale au porc, et bien que la morve et le farcin puissent s'observer aussi dans d'autres espèces que les solipèdes, je ne chicanerai pas MM. Hocquart et Bernard sur ce point : je me contenterai de donner à la citation qui précède la signification qu'y ont attachée ses auteurs eux-mêmes. Ces Messieurs ont évidemment voulu affirmer leur croyance dans cette opinion : que les solipèdes seuls peuvent être atteints de fluxion.

Il est vrai que les auteurs de l'*Etude sur la fluxion périodique* croient avoir trouvé dans certaine disposi-

tion anatomique de l'œil du cheval, en même temps
que l'une des causes de la périodicité, la raison de la
fâcheuse préférence dont jouit cet animal au point
de vue de la maladie qui nous occupe :

« En outre, *si le cheval est attaqué de préférence*, cela
tient à des particularités d'organisation de l'œil, que
l'on trouve *dans l'angle de la chambre antérieure : il existe*,
A CE POINT PRÉCIS, *un conduit circulaire et cloisonné*,
FORMÉ DE LACUNES. C'EST LE CANAL DE FONTANA. Or,
ce canal, indispensable à la circulation, à la nutrition de l'œil, peut être obstrué plus ou moins complètement par le pus et par les exsudats qui se produisent pendant les accès. L'OBLITÉRATION DU CANAL
DE FONTANA a pour conséquence d'empêcher la nutrition de l'œil, et d'entraîner fatalement l'atrophie
générale et progressive de l'organe ; produite par
l'irido-choroïdite, qui est le fond même de la fluxion
périodique, elle n'arrive généralement à être complète qu'après un certain nombre d'accès, bien qu'elle
puisse être observée dès le premier (1). »

« ..... Les masses exsudatives qui obstruent la pu-
pile et *comblent l'angle irido-cornéen*, peuvent déterminer des altérations compromettantes pour la vita-
lité de l'œil. *Ce sont elles surtout qui amènent la répétition
des accès et donnent à l'ophthalmie son caractère d'intermittence ;* ce sont elles également qui causent la phtisie
ultime de l'œil. L'importance de ces accidents justi-
fie les longs détails dans lesquels nous allons entrer
pour expliquer leur production.

« A l'état normal, *l'angle irido cornéen du cheval est
occupé par de grands tractus pigmentés* qui relient l'iris
au limbe scléro-cornéal en passant par des trous
ménagés dans la membrane de Demours, et qui sont
l'analogue du ligament pectiné que l'on trouve chez

---

(1) Page 274.

l'homme. Ces tractus s'anastamosent les uns avec les autres, de façon à constituer un système d'aréoles qui jouent vis-à-vis des liquides contenus dans la chambre antérieure, LE MÊME ROLE PHYSIOLOGIQUE QUE LES LACUNES DE FONTANA DE L'ŒIL HUMAIN.

« On sait, depuis les remarquables travaux de Lebert, que la jonction de la cornée et de la sclérotique constitue, pour l'œil humain, une grande voie de filtration par laquelle s'établit l'écoulement des liquides de l'intérieur vers l'extérieur de l'œil. Au devant de cette voie qui, chez l'homme, commence au canal de Schlemm et se termine par les veines perforantes et épisclérales, on trouve dans l'œil humain, *à l'angle de la chambre antérieure*, les lacunes de Fontana, sorte de grillage, ou mieux de crible, destiné à arrêter les corps étrangers trop volumineux qui tenteraient de s'engager par les voies trop étroites des vaisseaux perforants. Chez le cheval il existe de semblables communications entre l'extérieur et l'intérieur de l'œil par l'intermédiaire des veines perforantes. Seulement ces vaisseaux creusent leurs canaux beaucoup plus en arrière, en pleine sclérotique et presque au-dessus du corps ciliaire. Les voies de filtration qui vont de la chambre antérieure à ces vaisseaux sont alors beaucoup plus obliques en arrière. AUSSI N'EXISTE-T-IL NI LACUNES DE FONTANA, ni canal de Schlemm *dans l'œil du cheval*. Chez cet animal, le crible est constitué par les grands tractus pigmentés, dont nous avons parlé plus haut, lesquels, *reliant l'iris à la sclérotique*, occupent la place du ligament pectiné de l'homme (1). »

Je ne sais si les lecteurs de l'*Etude sur la fluxion périodique du cheval* ont été plus heureux que moi : à savoir, s'ils ont compris la pensée qu'ont voulu exprimer MM. Hocquart et Bernard, dans les passages

______

(1) Page 290 et suiv.

que je viens de reproduire avec la plus scrupuleuse exactitude? Quant à moi, j'avoue être resté dans l'indécision la plus absolue à cet égard.

Tout d'abord, en effet, c'est l'existence *dans l'angle irido-cornéen* de l'œil du cheval, d'un conduit circulaire et cloisonné FORMÉ DE LACUNES, — LE CANAL DE FONTANA, — qui explique comment il se fait que le cheval est attaqué de préférence, et qui rend compte, en même temps, de la périodicité de la maladie et de l'atrophie générale progressive de l'œil.....

S'il en est ainsi, *le canal circulaire et cloisonné*, FORMÉ DE LACUNES — LE CANAL DE FONTANA, — ne se rencontre donc pas dans l'œil des autres animaux, non plus que dans l'œil humain, puisque ni l'un ni l'autre au dire des auteurs, ne sont susceptibles de présenter la fluxion? — Mais si! le canal de Fontana existe chez l'homme : les aréoles de l'angle irido-cornéen de l'œil du cheval, nous disent MM. Hocquart et Bernard, « jouent vis-à-vis des liquides contenus dans la chambre antérieure, *le même rôle physiologique* QUE LES LACUNES DE FONTANA *de l'œil humain*. »

Qu'est-ce à dire? Mais mon étonnement devient de la stupéfaction lorsque je lis un peu plus loin : « *Aussi n'existe-t-il* NI LACUNES DE FONTANA, ni canal de Schlemm *dans l'œil du cheval*. »

En présence de contradictions semblables, je fais appel à mes souvenirs et je m'empresse de feuilleter les auteurs. — J'ai à la vérité et depuis longtemps déjà, rencontré plusieurs fois dans l'angle irido-cornéen de l'œil du cheval, des tractus très résistants quoique fort déliés, qui se portaient de la face postérieure de la cornée à la face antérieure de l'iris; mais ils étaient en petit nombre et ne formaient ni lacunes, ni aréoles : encore moins pouvait-on considérer leur ensemble comme un *filtre*. C'étaient évidemment des productions pathologiques, car je les ai observés bien rarement, et cependant depuis que j'ai pris connaissance du travail de MM. Hocquart et Bernard, je les ai cherchés avec obstination, aussi bien sur les yeux sains que sur les yeux malades.

Voici en quels termes j'en ai, dans mes notes, indiqué la présence sur les deux yeux d'un cheval atteint, en novembre 1879, d'une iritis exsudative double, en même temps que d'une fourbure extrêmement grave à laquelle il a succombé, — circonstance à laquelle j'ai dû d'en pouvoir pratiquer l'autopsie :

« Sur divers points *de sa périphérie*, on constate que l'iris tient à la cornée par de petits tractus relativement très résistants, et d'une date bien plus ancienne que la pseudo-membrane. *Serait-ce la trace d'une affection oculaire antérieure ? Je suis porté à le croire.* »

Les anatomistes auraient-ils été plus heureux que moi ? — J'ouvre le *Traité d'anatomie comparée des animaux domestiques* (3ᵉ édition), de MM. Chauveau et Arloing : dans le dessin représentant la *coupe théorique de l'œil* (1), non plus que dans celui qui représente une section antéro-postérieure de l'organe *au niveau de la circonférence de la cornée* (2), je ne vois rien de figuré au point de rapprochement de la vitre de l'œil et de l'iris ; il n'existe non plus aucune indication dans le texte. Toutefois, dans le dessin de la page 904, on voit apparaître une lacune assez grande dans l'épaisseur de la choroïde, en arrière du corps ciliaire, et non dans l'angle irido-cornéen, — lacune que les auteurs nomment *canal de Fontana* : ce canal n'a rien de commun — si ce n'est le nom — avec ce qu'ont décrit MM. Hocquart et Bernard.

J'ouvre le tome XXIV du Dictionnaire du Dʳ Jaccoud, et à l'article œil, dû à MM. Gosselin et Lon-

(1) Page 901.
(2) Page 904.

guet, je lis ce qui suit (1) : « A l'union de la lèvre
postérieure du biseau cornéen et de la sclérotique,
existe un canal circulaire rempli de sang veineux,
c'est le canal de Schlemm ou de Fontana..... » Sur
la coupe théorique de l'œil (2), et conformément à la
description, ce canal n'est pas du tout placé dans
l'angle irido-cornéen.

Dans le Dictionnaire encyclopédique des sciences
médicales du D*r* Dechambre, tome XIV, 2*e* série, je
vois le même canal représenté, auquel l'auteur — le
D*r* Nuel — donne le nom de canal de Schlemm.

Quant au canal de Fontana, voici ce qu'en dit le
même D*r* Nuel (3) : « A sa périphérie, la membrane
de Descemet se résout en un certain nombre de fi-
brilles qui se réfléchissent sur la face antérieure de
l'iris, et dont l'ensemble a reçu le nom de *ligament
pectiné* ou ligament *suspenseur de l'iris*. Ce ligament
est donc situé dans 'l'angle aigu formé par la rencontre de l'iris avec la tunique fibreuse. *Chez certains
animaux* (BŒUF), les trabécules en question se disposent de façon à délimiter plus ou moins un canal
circulaire autour de l'œil, et auquel on a donné le
nom de *canal de Fontana*. C'est donc à tort que
beaucoup d'auteurs emploient le nom de *canal de Fontana* en anatomie humaine. Mais une autre circonstance augmente encore la confusion : le *canal de
Fontana*, s'il existait chez l'homme, serait situé tout
contre le *canal de Schlemm*, et souvent en confond
plus ou moins les deux.

« Non content de confondre ces deux canaux, on est
allé jusqu'à confondre les deux avec une grosse
veine qui, chez le bœuf, est située à la limite entre

---

(1) Page 261.
(2) Page 260.
(3) Page 247.

le corps ciliaire et la choroïde, et qui a reçu le nom de *canal de Hovius*. »

Et plus loin (1) : « On ne confondra pas le canal de Schlemm (nous avons déjà insisté sur ce point), comme cela a été fait si longtemps, avec le canal de Fontana. *Ce dernier est une formation décrite chez le bœuf,* et n'existe pas chez l'homme : c'est tout simplement une lacune plus forte, sous forme de canal circulaire, circonscrite par les trabécules du ligament pectiné de l'iris. On le confondra encore moins avec le canal de Hovius, qui est une veine choroïdienne du bœuf, circulaire autour de l'œil, et située au niveau de l'*ora serrata*. »

Ainsi donc, selon les auteurs que je viens de citer, il y aurait dans l'œil humain, au point d'union de la cornée et de la sclérotique, — dans l'épaisseur de celle-ci, mais nullement dans l'angle formé par l'iris et la cornée, — un canal ou sinus circulaire qui porte le nom de canal de Schlemm et auquel certains donnent indistinctement ce nom ou celui de canal de Fontana. Quant au véritable canal de Fontana, *situé dans l'angle irido-cornéen,* — celui dont l'existence a été successivement signalée, puis niée dans l'œil du cheval, et enfin indiquée dans l'œil humain, par MM. Hocquart et Bernard, — quant à ce canal, le docteur Nuel dit de la façon la plus absolue — et MM. Gosselin et Longuet sont d'accord avec lui sur ce point, — *qu'il n'existe pas chez l'homme*; le même auteur ajoute *qu'on le trouve, au contraire, chez le bœuf* (2).

Eh bien ! admettons contre toute vraisemblance que ce canal se rencontre aussi chez le cheval dont

---

(1) Page 273.

(2) Chez le bœuf, ce canal n'est en aucune façon décrit par MM. Chauveau et Arloing ; et si j'en crois le résultat de mes recherches, il n'y aurait pas, dans la disposition de ce qu'on nomme

le docteur Nuel ne parle pas ; dans ce cas, la question suivante se présente immédiatement à l'esprit :

Si chez ce dernier animal, le canal de Fontana exerce une influence sur le développement, la réapparition et les suites fâcheuses de la fluxion périodique, comment expliquera-t-on que cette influence ne se fasse pas sentir chez le bœuf ?

Et si, d'autre part, le canal susdit, dont la présence est niée formellement chez l'homme, n'existe pas davantage chez le cheval, quel argument peut-on en tirer au point de vue de la fluxion, puisque, dit-on, celle-ci ne sévit pas sur notre espèce ?

Voilà, en définitive, un dilemme dont il me semble difficile de sortir.

Au surplus, que le cheval et le bœuf lui-même soient ou non pourvus du canal de Fontana, dont MM. Hocquart et Bernard comparent la paroi à un grillage ou à un crible, il reste encore à se demander comment les auteurs de l'*Etude sur la fluxion*, etc..., ont pu accorder à cette disposition anatomique une importance aussi considérable, alors qu'ils déclarent que « l'âne contracte rarement la fluxion, et le mulet un peu plus souvent »? MM. Hocquart et Bernard ne disent cependant pas avoir étudié l'œil de ces derniers animaux, et avoir rencontré en le comparant à celui du cheval des différentes importances à signaler.

---

l'angle irido-cornéen, de différence appréciable entre l'œil du bœuf et celui du cheval : en d'autres termes, le canal cloisonné signalé par le Dr Nuel chez le bœuf, et par MM. Hocquart et Bernard chez le cheval, n'existerait pas plus chez l'un que chez l'autre.

Toutefois, chez le bœuf, la sclérotique est creusée d'une véritable gouttière circulaire, parallèle à la circonférence de la cornée, dans laquelle se trouve logée une saillie de forme appropriée que présente le corps ciliaire sur sa face externe. Cette *gouttière* n'existe pas chez le cheval. Il est permis de penser que c'est à elle qu'on a donné le nom de canal de Fontana.

Enfin, une dernière objection apparaît: d'après les mêmes auteurs, l'oblitération du canal de Fontana aurait pour conséquence « d'empêcher la nutrition de l'œil et d'entraîner fatalement l'atrophie générale et progressive de l'organe .... »

S'il en était ainsi, comment concilier cette terminaison *unique* et *fatale*, avec les terminaisons multiples qu'ont signalées les différents écrivains, et que nous avons fait connaître précédemment? Tous les cas de fluxion devraient amener l'atrophie, la phtisie de l'œil ; or, nous savons que cela n'est pas.

J'ai discuté bien longuement — trop longuement peut-être — l'assertion de MM. Hocquart et Bernard : c'est qu'elle semblait donner une base solide à l'opinion de ceux qui considèrent la fluxion comme une maladie particulière aux solipèdes. Désormais, je crois être en droit de dire que la disposition anatomique considérée comme normale par les auteurs de l'*Étude sur la fluxion périodique du cheval*, est, au contraire, absolument pathologique et ne se rencontre que bien rarement.

D'autre part, on a vu que l'opinion de Gohier, de U. Leblanc, de Lapoussée, de Cruzel, de M. Lafosse, est basée sur des faits d'observation : l'opinion contraire est donc sans fondement, et partant, sans valeur.

B) — *Tous les caractères assignés à la fluxion peuvent s'observer chez l'homme.*

Ce sont les médecins de notre espèce qui vont se charger de démontrer la vérité de cette proposition.

Étranger à l'ophthalmologie humaine, je ne puis que faire des emprunts aux auteurs qui s'en sont occupés ou à ceux qui ont résumé les travaux originaux.

Parlant de la *kératite interstitielle*, Vidal (de Cassis) nous apprend (1) que « dans cette forme, il y a trouble marqué de la cornée, *qui présente la couleur vert d'eau* indiquée par Velpeau et niée à tort par Sichel. Cette couleur doit nécessairement varier selon les produits versés par l'inflammation dans les interstices de la cornée, selon que ce sera simplement de la lymphe plastique ou du pus...

« Dans la *kératite profonde*, selon Velpeau, le tissu propre de la cornée et sa lame la plus externe sont à l'état normal ; *l'humeur aqueuse a perdu sa transparence ; il y a des nébulosités dans la chambre antérieure devant l'iris*. On attribue ce trouble à de la lymphe plastique mêlée à l'humeur aqueuse... »

« Le début de la *kératite interstitielle* ou *diffuse*, dit M. Gayet (2), est quelquefois subit et insidieux ; il arrive sans réaction ou à peu près, se traduit par un trouble de la vision assez notable et peu en rapport avec celui de la cornée, qui résulte d'une légère desquamation épithéliale et d'un peu d'infiltration des couches moyennes. La membrane transparente est d'abord *comme fumée*, puis piquetée à sa surface, puis elle s'infiltre dans son épaisseur ; seulement cette infiltration n'est pas égale : plus saturée ici, elle reste là presque transparente. L'*opacité a quelque chose de grisâtre et de floconneux. Elle n'est pas longtemps sans changer de place*, elle le fait brusquement.....

« Souvent aussi le mal débute par une opacité plus ou moins étendue, *de forme circulaire qui semble partir de la sclérotique pour envahir la cornée*. En regardant à la lumière réfléchie, on trouve toujours le limbe cornéen un peu ulcéré à ce niveau. Enfin le

----

(1) *Traité de pathologie externe*, 5e édition, annotée par FANO.

(2) *Dictionnaire encyclopédique des sciences médicales*, 1re série, tome XX.

début peut avoir lieu par le centre de la cornée, son pôle antérieur, sous forme d'un nuage ou d'un anneau plus saturé sur ses bords... .

« Les vaisseaux s'avancent de la sclérotique en mailles serrées très fines, et ils occupent tous les étages de la cornée. Ils sont quelquefois si abondants et se terminent sur la membrane transparente *par une ligne si bien horizontale qu'on dirait d'un hyphéma*: méprise d'autant plus naturelle que c'est toujours en bas de la cornée que se montrent de semblables réseaux.

« Ce fait tient à ce que les opacités kératiques ont, dans la kératite interstitielle, *une grande tendance à acquérir la forme en croissant à convexité dirigée vers le sol*. Il y a là sans doute un phénomène dans lequel la pesanteur et aussi la disposition du tissu envahi jouent un rôle combiné.

« La sensibilité tactile de la cornée est conservée; *il peut y avoir* du blépharospasme, de la photophobie *et du larmoiement*...

« Bien souvent, avec la cornée, l'iris, la choroïde et la sclérotique sont affectés; le corps vitré lui-même peut avoir été envahi et, dans ce cas, lequel de ces états est la complication de l'autre? Il est tellement certain que les maladies de l'uvée peuvent avoir un retentissement cornéen de la nature de celui qui nous occupe, qu'il n'est jamais bien sûr, lorsqu'éclate la kératite interstitielle, qu'elle n'ait pas été préparée par une irido-choroïdite invisible.

« La marche de la kératite interstitielle diffuse est extrêmement lente; elle met des mois, des années même à suivre son cours. *Elle a des alternatives de mieux, puis de brusques retours*...

« Enfin, la guérison se prononce, les nuages se dissipent, laissant çà et là les points les plus saturés qui restent comme témoins de la maladie, pour s'effacer à leur tour.

« Bientôt la pupille redevient accessible au regard, et l'on peut alors constater *s'il y a des lésions pupillaires, iriennes, hyaloïdiennes*, etc...

« Le début fréquent de l'infiltration par le bord cornéen, sa tendance à former des barres rayonnantes autour des points saturés, enfin sa propension à *fournir de grandes nappes en croissant à convexité inférieure*, rappellent les expériences de Bowmann sur les injections mercurielles dans la membrane transparente de l'œil..... »

Lors *d'abcès de la cornée*, « à partir du moment où le pus s'est montré, les accidents peuvent marcher avec une épouvantable rapidité. L'altération semble fuser sous forme de nappe entre les lames de la cornée, et souvent se dirige en bas, comme si elle obéissait à la pesanteur, pour former des collections appelées *Onyx ou Unguis, qui simulent l'hypopion*...

« Il est bien rare qu'un abcès cornéen suive son cours sans que des complications surviennent; les deux plus communes sont l'*hypopion et l'iritis*.

« L'hypopion est constitué par une collection de pus dans la chambre antérieure; il est souvent une conséquence de l'abcès, et ne succède jamais à l'infiltrat, ce qui établit entre les deux une différence capitale.

« On ne peut bien en observer la marche que dans le cas de petits abcès centraux; les autres masquent les phénomènes par leur propre opacité.

« *Tout d'abord on voit apparaître un trouble diffus de l'humeur aqueuse*, dans laquelle on distingue un coagulum qui vient s'appliquer contre la paroi de la cornée en regard de l'abcès. Le bord de l'opacité est formé par une ligne gris-jaune de laquelle partent des filaments qui se rendent à l'hypopion.

« Ce dernier peut se former en quantité variable, et quelquefois être assez abondant pour remplir la chambre antérieure. Il varie aussi de consistance, et paraît constitué, *tantôt par un liquide épais dont le niveau change avec les mouvements de la tête*, tantôt par le mélange d'une partie fluide qui se déplace et d'un coagulum qui ne change pas. Cette différence de consistance se décèle surtout au moment de la ponction, à la suite de laquelle on voit une partie de la collection s'écouler, tandis que l'autre doit être extraite à la pince. »

Je ferai remarquer dans ces citations, la couleur *vert d'eau* de la cornée signalée par Velpeau dans la kératite interstitielle, et les nébulosités de la chambre antérieure dont il parle lors de kératite profonde.

La couleur *vert d'eau* de la cornée est fréquente chez le cheval, ainsi que je l'établirai plus tard ; et dès maintenant, je crois pouvoir dire que c'est souvent à elle — mais non toujours cependant — que l'on doit entre autres choses, de voir le fond de l'œil de couleur verdâtre, vert de mer, cul de bouteille, etc., suivant les expressions employées par les auteurs.

Quant à la kératite profonde de Velpeau, avec trouble de l'humeur aqueuse, elle me paraît ressembler énormément à nos premiers accès de fluxion périodique.

Le tableau que fait M. Gayet de la kératite interstitielle, est davantage encore applicable à certains cas de fluxion : la couleur *fumée* ou bleuâtre de la cornée dans la première de ces maladies, ainsi que son opacité qui débute souvent par un anneau grisâtre périphérique ; l'épanchement qui se fait dans les lacunes et se porte ensuite vers les parties déclives, où il forme de grandes nappes en croissant à *convexité inférieure* ; le larmoiement qui peut manquer, mais qui peut aussi exister ; les complications possibles du côté de l'iris, de la choroïde, de la sclérotique ; la marche de la maladie pendant laquelle il est permis d'observer *des alternatives de mieux suivies de brusques retours* ;

Et dans les cas d'abcès cornéen, *l'onyx* qui simule l'hypopion (1) ; le trouble diffus de l'humeur aqueuse qui se produit en même temps ; le liquide épais épanché dans la chambre antérieure, et dont le niveau change avec les mouvements de la tête : tout cela ne constitue-t-il pas des états pathologiques que l'on est à même d'observer chez le cheval, — états qui ont été décrits par nos auteurs, et qualifiés par eux du nom de *fluxion* ?

Que l'on veuille bien se reporter aux descriptions faites notamment par Hamon et par Reynal, et l'on verra que je n'exagère rien.

Dans la maladie appelée par Desmarres « la forme profonde de la sclérite, on voit la chambre antérieure se troubler, en même temps que des synéchies multiples soudent le bord pupillaire de l'iris à la capsule du cristallin.

« Est-ce bien là une complication ? n'est-ce pas plutôt une inflammation uvéale qui apparaît à travers la cornée, après s'être sourdement développée derrière la sclérotique (2) ? »

En tenant compte des symptômes qui accompagnent forcément le trouble de l'humeur aqueuse, ainsi que la formation des synéchies postérieures, il

---

(1) « Le pus renfermé dans l'abcès peut s'épancher entre les lames de la cornée et pénétrer dans les parties déclives de la membrane. Il s'y présente sous l'aspect d'un arc plus ou moins long, dont la *concavité est tournée en haut* et forme alors *l'onyx* ou *l'onguis*. » (Meyer, *Traité pratique des maladies des yeux*, 2e édition, p. 130.)

(2) Gayet, *loc. cit.* : SCLÉROTIQUE.

est encore aisé de se représenter un accès de fluxion dans la description de la sclérite profonde. L'analogie serait même complète, si l'on en croit Vidal (de Cassis) : *la sclérotite, comme la kératite, récidive fréquemment.* On a remarqué que ces récidives étaient surtout plus fréquentes *par des temps humides.....*

« Certainement la sclérotite peut se terminer par résolution ; mais il est rare qu'elle soit complète ; car, ainsi que je l'ai fait remarquer, elle n'est presque jamais seule : c'est une inflammation complexe. Il reste le plus souvent, autour de la sclérotique et dans son tissu même, assez d'irritation *pour faire revivre la phlogose* (1). »

Gohier pensait que la fluxion périodique consiste en une inflammation de l'iris, ou *iritis* ; Stender, Gerlach et autres, au dire de Zundel, auraient adopté cette opinion : nous allons voir combien, en effet, les descriptions que l'on fait de cette maladie rappellent celles de la fluxion.

Pour analyser avec soin les symptômes de l'iritis, il convient, dit Vidal (de Cassis), de diviser cette maladie en trois degrés ou périodes (2).

« *Premier degré.* — Pupille légèrement resserrée ; elle conserve sa régularité et perd de sa mobilité. Elle est nette d'abord, c'est-à-dire bien noire ; mais bientôt un léger nuage la ternit : alors le petit cercle présente un aspect velouté. Ce cercle semble se porter en arrière, et l'iris paraît creux en avant ; quelquefois c'est le contraire. L'iris semble d'abord plus poli, plus humide, puis il change de couleur ; ce changement commence par le petit cercle. L'iris bleu très clair, passe au verdâtre..... le brun clair devient rougeâtre ou orangé. Je dois dire ici que ces

_______

(1) Vidal (de Cassis) *loc. cit.* : Sclérotite.
(2) *Loc. cit.* : Iritis.

changements de couleur ne se montrent pas toujours avec la netteté indiquée par les ophthalmologistes allemands (1).....

« Dans les commencements, la cornée conserve sa
transparence, mais sa couche la plus profonde étant
de même nature que la couche la plus superficielle
de l'iris, il doit bientôt y avoir plus ou moins de
trouble dans la chambre antérieure. La conjonctive
ne présente rien de particulier. La sclérotique offre
un anneau rouge formé par des vaisseaux rayonnés ; cet anneau est en rapport avec le grand cercle de l'iris.....

« Il est certainement des inflammations de l'œil
qui sont accompagnées de plus de photophobie que
l'iritis ; mais, à l'exemple de M. Sichel, il ne faudrait pas la nier ici, ainsi que le larmoiement....
J'ai noté un léger nuage dans la pupille, et l'on
comprend que l'humeur aqueuse, l'humeur vitrée,
l'appareil cristallinien, n'ont pas leur complète
transparence quant l'iritis est prononcée.

« *Deuxième degré.* — Il y a augmentation des symptômes énoncés tout à l'heure. Ce degré est caracté-
risé aussi par des produits de l'inflammation constatés dans les deux chambres ; de là trouble de
l'humeur aqueuse, trouble de la pupille (2) ou
fausse cataracte, inégalités sur les faces de l'iris,
aspect tomenteux, épaississement dans les interstices..... C'est à cette seconde période que se prononce la *synéchie* : elle est *antérieure* quand l'iris vient
adhérer à la cornée ; elle est *postérieure* quand il va
se coller à la capsule cristalline. L'iritis très aiguë

---

(1) « L'iris devient *jaune* si l'œil est noir » disent Bouchut et
Després dans leur Dictionnaire.

(2) Le texte porte : « de là trouble de l'humeur aqueuse, de là
*pupille ou fausse cataracte....* » ce qui ne signifie rien.

ne marche pas sans conjonctivite et sans l'anneau vasculaire de la sclérotique.....

« La douleur la plus forte se fait vivement sentir par la moindre pression.....

« *Troisième degré*. — C'est à ce degré surtout que les produits de l'inflammation et les épanchements sanguins constituent des accidents. La lymphe plastique, en s'organisant, fixe indéfiniment la forme anormale de la pupille : ainsi, par la contraction de quelques fibres et l'inertie d'autres fibres, le petit cercle de l'iris s'est déformé, la pupille est devenue oblongue, rhomboïdale ou carrée ; elle est quelquefois complètement oblitérée, ou par un fort resserrement ou par des tractus de lymphe qui vont d'un point de la circonférence à l'autre.....

« Quelquefois la lymphe plastique, au lieu de former des stries, de s'étaler en toile, se réunit en masses, se mêle au pus, et forme des abcès dans la chambre antérieure, dans la chambre postérieure ou dans le tissu même de l'iris. Ces dépôts peuvent être repris par l'absorption ; c'est quand l'humeur aqueuse *délaye* l'humeur morbide..... »

Velpeau, cité par le même Vidal (de Cassis), dans la description qu'il fait de *l'iritis chronique*, signale le resserrement et l'immobilité de la pupille, qui présente à sa marge des franges, des flocons mobiles ; ce voile membraneux est *verdâtre* ou décoloré ; le plus souvent aussi, des adhérences filamenteuses se sont établies entre le bord de la pupille et la face antérieure de la capsule du cristallin, etc. Velpeau ne croit pas que l'iritis chronique soit constamment de nature syphilitique : elle peut se rattacher à la diathèse goutteuse, etc.

Le docteur Abadie (1) décrit ainsi qu'il suit l'inflammation de l'iris :

_______

(1) *Nouv. dictionn. de méd. et de chir. pratiques* du Dᵣ Jaccoud : IRITIS.

« Dès le début de l'iritis, il est facile à un observateur attentif de constater des changements dans l'aspect extérieur du globe oculaire. Le bord de la cornée s'entoure rapidement d'une vive injection sous-conjonctivale, s'irradiant dans tous les sens. Cette injection, d'abord légère, augmente d'intensité et peut, dans les cas extrêmes, s'accompagner d'un léger chémosis. La coloration du tissu iridien s'altère ; le premier changement de teinte s'observe dans le petit cercle péri-pupillaire, d'où il ne tarde pas à s'étendre à toute la surface. Ce changement de coloration est dû à la vascularisation anormale, peut être aussi à la transsudation des parties colorantes du sang. L'humeur aqueuse se trouble, elle devient floconneuse, se remplit de petits amas grisâtres qui tantôt restent libres, tantôt vont se déposer à la surface de la membrane de Descemet (iritis séreuse). D'autres fois, ce sont de véritables masses exsudatives qui envahissent et remplissent plus ou moins la chambre antérieure (iritis syphilitique). Il n'est pas rare de voir les couches profondes de la cornée participer à ce processus morbide, et devenir opaques. Ces changements survenus dans la transparence des milieux, enlèvent à l'œil son éclat particulier et lui donnent un aspect terne.

« Si l'on examine l'ouverture pupillaire à l'éclairage oblique, on constate la présence d'exsudats qui paraissent formés aux dépens de l'uvée et composés de masses pigmentaires. Des synéchies se forment très rapidement, et quand la maladie est livrée à elle-même, tout le pourtour circulaire de l'iris peut être ainsi retenu à la cristalloïde antérieure. Si l'on instille de l'atropine avant que les adhérences soient complètes, la pupille retenue en certains points, dilatée en d'autres, apparaît déformée.

« Les troubles fonctionnels éprouvés par le malade
sont généralement en rapport avec les lésions observées. Les mouvements de la pupille sont lents et
paresseux, elle ne réagit plus aussi vivement sous
l'influence de la lumière, et finit par rester immobile
maintenue dans sa position par les exsudats qui la
fixent au cristallin. La vision s'affaiblit de plus en
plus, au fur et à mesure que les milieux perdent
leur transparence, et quand l'ouverture pupillaire
est envahie et recouverte par les exsudats, elle peut
être abolie et réduite à une simple perception lumineuse quantitative.

« Les douleurs, vives dès le début, peuvent devenir très violentes, et acquérir un degré d'intensité
extrême..... les malades éprouvent de la photophobie, et la sécrétion des larmes est notablement
augmentée. »

« C'est surtout dans la forme d'iritis dite *séreuse*
qu'on observe ces troubles de l'humeur aqueuse
coïncidant parfois avec une augmentation de sécrétion de ce liquide. Dans certaines formes rares
d'iritis (*iritis parenchymateuse suppurative*), c'est tantôt
du sang (hypohéma), tantôt du pus (*hypopion*) qui s'é-
panche dans la chambre antérieure. L'apparition
du pus doit toujours faire songer à la propagation
de l'inflammation aux procès ciliaires et au corps
ciliaire (1). »

Il me paraît impossible que dans les citations
précédentes, qu'il m'eût été facile d'appuyer par
d'autres, les esprits non prévenus se refusent à voir
une maladie ayant avec un grand nombre de cas de
fluxion la plus grande analogie, si ce n'est la plus
complète identité : le larmoiement et la vive douleur
qui, toutefois, ne sont pas constants; la conjonctivite

_______________

(1) Follin, *Traité élémentaire de pathologie externe* : IRITIS AIGUE.

l'injection des vaisseaux de la sclérotique, la vascularisation de la cornée et le chémosis, le trouble de l'humeur aqueuse, l'hypopion ou l'hypohéma, la pupille resserrée, le changement de couleur de l'iris ; les exsudats unissant les bords de la pupille entre eux ou à la membrane cristalline, quelquefois à la cornée ; le resserrement et l'immobilité de la pupille dans l'état chronique : voilà un ensemble symptomatique qui doit être de nature à satisfaire les plus difficiles ; et je ne crois pas trop m'avancer en affirmant qu'il n'est aucun vétérinaire qui hésiterait à déclarer fluxionnaire un cheval présentant cet ensemble.

Mais l'inflammation peut gagner le corps ciliaire et la choroïde ; l'iritis devient l'irido-cyclite ou l'iridochoroïdite : de nouveaux phénomènes se manifestent qui, loin d'être inconnus des vétérinaires, sont au contraire signalés par quelques auteurs comme caractérisant la fluxion.

Voici ce que le docteur Abadie nous apprend au sujet de l'*irido-cyclite* et de l'*irido-choroïdite* :

« Si, après la période aiguë de l'iritis, une synéchie postérieure totale persiste et maintient le pourtour de l'ouverture pupillaire soudé au cristallin, le processus morbide peut s'étendre aux parties adjacentes et envahir le corps ciliaire. Il survient alors une irido-cyclite. Les signes cliniques qui, d'après certains auteurs, révèlent cette complication, consistent dans une sensibilité exagérée de la région ciliaire à la pression, la production rapide *d'opacité, de corps flottants dans le corps vitré*, le rétrécissement du champ visuel, enfin l'apparition de troubles fonctionnels considérables en rapport avec les lésions profondes des milieux transparents, corps vitré, cristallin.....

« L'inflammation de l'iris peut s'étendre non seulement au corps ciliaire, mais à toute la choroïde, et produire ainsi une irido-choroïdite. Le phénomène inverse peut aussi s'observer, c'est-à-dire qu'un processus pathologique siégeant à l'origine dans la choroïde, peut envahir peu à peu les parties antérieures et se terminer par une iritis avec synéchies plus ou moins complètes. Quand la maladie arrivée à sa période ultime, a envahi ainsi toute l'étendue du tractus uvéal, il est important de pouvoir reconnaître quel a été son point de départ. Les antécédents, les commémoratifs et l'examen attentif des lésions existantes permettront parfois d'établir ce diagnostic rétrospectif. Dans l'irido-choroïdite qui débute par la choroïde, les troubles fonctionnels sont très accusés dès les premiers jours de la maladie ; les lésions anatomiques, par contre, le sont fort peu. La diminution de la vision s'annonce par un obscurcissement général du champ visuel et l'apparition des mouches volantes ; *l'œil est à peine douloureux, à peine injecté.* L'examen ophthalmoscopique fait reconnaître des lésions avancées dans le corps vitré, *qui est trouble, nuageux, rempli de corps flottants* ; dans le cristallin, où les masses corticales postérieures sont cataractées, tandis que les signes physiques de l'iritis : synéchies, exsudats, n'occupent que le second plan, et n'apparaissent que plus tard.

« Si c'est, au contraire, une iritis chronique avec synéchies qui est le point de départ de l'irido-choroïdite, la succession des phénomènes morbides est inverse. Il y a tout d'abord une véritable période aiguë avec larmoiement, photophobie, injection du globe oculaire, tous les symptômes d'une iritis ; *ce n'est qu'après plusieurs poussées successives que la vision baisse d'une façon notable,* et que les mouches volantes apparaissent. En examinant les parties antérieures de l'œil à l'éclairage oblique, on trouve l'iris fortement soudé au cristallin, les parties périphériques bombées en avant et présentant la forme d'un entonnoir. Tandis que l'irido-choroïdite qui débute par la choroïde, reconnaît le plus souvent une origine diathésique : goutte, arthritisme, rhumatisme, syphilis, etc., la deuxième variété qui débute par l'iritis, a le plus souvent pour cause première une synéchie postérieure totale. »

Indépendamment des opacités et des nuages flottants du corps vitré que nous pouvons voir et que signalent nos auteurs, on remarquera que le docteur Abadie parle de *plusieurs poussées successives* après lesquelles la vision baisse d'une façon notable. Précédemment, il avait dit que la choroïdite pouvait être consécutive à une iritis aiguë ayant occasionné des synéchies postérieures : ne voit-on pas là *nos accès de fluxion* séparés par l'*intermittence ?*

Mais ce n'est pas seulement d'une façon implicite que, après d'autres, le docteur Abadie parle de ces poussées successives. Il décrit, en effet, une *iritis à rechutes,* et voici ce qu'il en dit :

« *Iritis à rechutes*. — De Graefe a démontré que les synéchies postérieures consécutives à une première atteinte d'iritis, étaient une cause fréquente de nouvelles poussées aiguës, *de véritables récidives*. A la suite de chaque nouvelle poussée, la vision s'affaiblit, le corps vitré se remplit de flocons, se ramollit, le globe de l'œil diminue de volume et marche vers l'atrophie. Dans ce cas, le processus morbide s'étend d'abord à la région ciliaire, qui devient douloureuse à la pression, puis envahit la choroïde. Les désordres nutritifs qui en résultent se terminent parfois par des décollements plus ou moins étendus de la rétine, amènent des désordres irrémédiables pour la vision.

On a vu que dans la description qu'il fait de la *choroïdite* par laquelle débute parfois l'*irido-choroïdite*, le docteur Abadie insiste sur ce fait que les lésions anatomiques apparentes sont loin d'être en rapport avec les symptômes fonctionnels. Quelques extraits d'autres auteurs nous renseigneront plus complètement sur cette maladie, qui peut affecter des formes différentes et présenter des terminaisons variées ; ces extraits nous permettront d'y voir tout d'abord les cas de fluxion dont la terminaison est l'amaurose, ou ceux dans lesquels au dire de M. Reynal « il arrive que les symptômes ne disparaissent pas complètement ; l'accès semble se continuer pendant un temps très long, *avec des alternatives peu tranchées de diminution et d'exaspération*, à la suite desquelles la faculté visuelle s'use pour ainsi dire, et s'éteint dans l'organe affecté, sans qu'il ait été possible de constater l'existence de plusieurs paroxysmes... »

« A l'état aigu, dit Vidal (1), on a parlé d'un cercle rouge autour de la cornée ; mais rien dans sa disposition, dans sa teinte, n'indique qu'il soit le symptôme de la choroïdite plutôt que de la sclérotite. Lorsque l'inflammation a passé à l'état chronique..., *un changement de coloration peut aussi s'observer dans l'œil*, si la pupille est assez dilatée pour laisser voir le fond de l'organe. Mais alors il y a souvent perte plus ou moins complète de la vue, car il existe une forme d'amaurose commençante. On dit aussi que si l'on touche l'œil avec l'extrémité d'un doigt, on le trouve plus résistant, plus volumineux, parce qu'il serait plus plein. On attribue cet état, et au gonflement de la choroïde, et à l'humeur produite par son inflammation. Comme dans les inflammations des autres tissus profonds de l'œil, *la pupille se*

---

(1) *Loco citato* : CHOROÏDITE.

*rétrécit d'abord, mais elle s'élargit à mesure que l'inflammation fait des progrès*; elle devient enfin immobile et paralysée. Il y a aussi une irrégularité de la pupille, car l'iritis accompagne le plus souvent cette inflammation. Middlemore a même prétendu que la pupille se déplaçait, qu'elle se portait sur le point opposé à celui que la choroïdite affectait principalement, c'est-à-dire qu'alors la pupille au lieu d'être centrale, se rapprochait de l'angle externe, et *vice versa*... Ici surtout, on observe la cessation prompte de la douleur, ce qu'on attribue à la compression de la rétine due elle-même à un gonflement de la choroïde et aux produits de son inflammation. »

D'après Follin (1), la choroïdite *séreuse* affecte le plus souvent un début insidieux;... il n'est pas rare *de voir la maladie succéder à une iritis séreuse* ayant déjà provoqué la formation d'un léger pointillé sur la membrane de Descemet, et un trouble peu accusé de l'humeur aqueuse. C'est parfois quand la maladie a complètement disparu sur ce point, que le tractus uvéal commence à être pris à son tour et qu'apparaissent les premiers symptômes de la choroïdite.

Les signes objectifs sont peu accusés : l'injection périkératique est faible, il n'existe pas de chémosis, la cornée n'a rien perdu de sa transparence, et à part un léger trouble de l'humeur aqueuse, il serait fort difficile de trouver quelque chose d'anormal dans l'intérieur de l'œil. Il peut pourtant à certains moments *survenir de véritables poussées aiguës*; l'injection des vaisseaux ciliaires antérieurs devient alors très vive, il y a de la photophobie, l'épithélium cornéen perd de sa transparence, le bord de la cornée s'ulcère circulairement et indique le trouble profond apporté dans la nutrition

_______________

(1) *Loc. cit.* : Choroïdite.

de cette membrane. Si l'on exploré le globe de l'œil en ce moment, on sent que la tension intra-oculaire est augmentée, phénomème dû à l'hypersécrétion résultant du trouble circulatoire, et les nerfs ciliaires comprimés donnent naissance à des douleurs fort vives...

« La choroïdite séreuse est celle dont le pronostic est le moins grave et qui cède le plus facilement à un traitement approprié. Il importe toutefois de dire que *la marche de la maladie est fort longue et présente des alternatives d'aggravation et d'amélioration*. Abandonnée à elle-même, elle entraîne des troubles nutritifs très graves ; *le corps vitreux devient de p'us en plus floconneux*, de légères opacités ne tardent pas à se montrer dans le cristallin, il se produit des synéchies, enfin la vision diminue de plus en plus et finit par disparaître complètement.

Il est admis qu'un accès de fluxion peut être assez intense pour amener à lui seul la perte de la faculté visuelle, et même l'atrophie de l'organe atteint. — Je pense que l'on pourra reconnaître cet accès dans la description suivante qui est relative à la variété de choroïdite appelée *exsudative* (1) :

« ....Il existe peu de maladies qui portent à l'organe visuel une atteinte aussi profonde.

« L'injection périkératique, toujours intense, peut devenir considérable et s'accompagner de chémosis bulbaire, indice de l'embarras survenu dans la circulation choroïdienne. La cornée et l'humeur aqueuse perdent leur transparence ; on voit apparaître dans la chambre antérieure divers produits morbides, *tantôt du sang (hypohœma), tantôt des masses exsudatives* qui, encombrant le champ pupillaire, abolissent

---

(1) Follin, *loc. cit.*

rapidement la vision distincte. Si les exsudats sont moins abondants, ils peuvent ne recouvrir que les parties antérieures centrales du cristallin, sans se répandre dans la chambre antérieure ; mais ils occasionnent toujours des troubles fonctionnels fort graves.

« L'iris participe généralement plus ou moins à l'inflammation ; son aspect brillant et poli a disparu, il devient terne, plus paresseux dans ses mouvements, et réagit moins facilement quand il est impressionné par la lumière. Il s'est produit une *irido-choroïdite*. Souvent alors la pression intra-oculaire augmentant, les nerfs ciliaires sont comprimés et occasionnent au malade des douleurs violentes qui peuvent devenir intolérables, et ne cèdent qu'à la détente produite par une paracenthèse de la chambre antérieure.

« L'examen ophthalmoscopique a ici peu d'importance ; il ne peut être d'un utile secours que lorsque les milieux transparents ne sont pas altérés, ce qui est rare. D'habitude, dès les premiers jours de la maladie, *le corps vitré entravé dans sa nutrition devient trouble*, se remplit d'opacité et rend impossible l'examen du fond de l'œil....

« La marche de la maladie est souvent, en dépit des efforts faits pour l'enrayer, des plus funestes et son pronostic toujours grave. Dans ces cas, on voit se produire, au bout d'un certain temps, des décollements rétiniens plus ou moins étendus,...... puis survient, peu à peu, probablement par suite de l'oblitération des vaisseaux de la choroïde, *une atrophie générale de toutes les membranes et de l'organe lui-même*...... Le cristallin, rapetissé dans son volume, devient le siège de dépôts capsulaires d'un blanc laiteux, crayeux, parfois de véritables dépôts de sels calcaires. Sa surface antérieure se soude complètement à l'iris, dont le tissu s'atrophie peu à peu.

« Quand, à la suite de ces altérations graves, des masses exsudatives, après avoir décollé, désorganisé la rétine, se sont répandues dans le corps vitré, les parties antérieures (cornée, humeur aqueuse, cristallin) peuvent avoir conservé leur transparence, et en examinant à l'éclairage oblique ou même simplement à la lumière solaire, *le fond de l'œil apparaît avec une teinte jaunâtre* qui pourrait en imposer pour une affection de mauvaise nature (gliôme rétinien)... Dans cette terminaison de la choroïdite, la tension oculaire reste normale ou diminue. »

Dans le *mémoire* de Hamon, il est question de cas de fluxion dans lesquels l'œil parfaitement beau la veille, se remplit le lendemain, sans inflammation préalable — ou plutôt appréciable — d'un dépôt albumineux qui disparaît rapidement, mais en laissant des traces profondes de son passage. Cette affection occasionne rapidement la perte de la vue.

Voici ce que dit Follin de la *cyclite*, ou « inflammation des parties antérieures du tractus uvéal, du corps ciliaire » :

« On a indiqué, comme signes cliniques appartenant en propre à cette maladie, un rétrécissement marqué du champ visuel et une sensibilité accusée à la pression de la région ciliaire. Parfois aussi cette maladie s'annonce par *des épanchements de sang, de pus* (cyclite purulente), *qui se font tout à coup dans la chambre antérieure* ; elle donne enfin souvent naissance à des corps flottants du corps vitré qui tourmentent beaucoup les malades. »

Dans la plupart des citations qui précèdent, il est question du trouble de l'humeur aqueuse

et des dépôts qui se forment dans la chambre
antérieure. L'hypopion auquel nos auteurs vétérinaires attachent une si grande importance est
donc assez fréquent chez l'homme ; quelquefois
même il constitue, comme chez le cheval, le principal symptôme, — ou du moins le symptôme le
plus apparent de la maladie : c'est au point que
dans ces cas, les anciens auteurs décrivent celle-ci
sous le nom *d'hypopion*.

Follin, de même que les auteurs modernes, ré-
agissant contre cette tendance, dit que l'on « ne
doit pas envisager l'hypopion comme une maladie spéciale, ayant des caractères propres mais
bien simplement *comme un symptôme commun à plusieurs maladies tout-à-fait différentes dans leur nature* » ;
voilà qui répond à ceux des auteurs vétérinaires
qui considèrent l'hypopion comme le symptôme
pathognomonique de la *fluxion*, c'est-à-dire d'une
maladie unique particulière aux solipèdes.

Il y a des vétérinaires qui, avec Van Bierolier et
Van Rouy, le docteur Guérineau, Petit (1), admettent que la fluxion est identique au *glaucome*
de l'homme. Rien ne semble plus certain que
cette identité, — non, cependant, dans tous les cas,
mais au moins dans un certain nombre.

« On a désigné pendant longtemps sous le nom
de glaucome, plusieurs maladies de nature très
différentes, mais offrant comme caractères communs *un reflet particulier, chatoyant, jaune verdâtre
de l'ouverture pupillaire*, s'accompagnant d'une cécité
plus ou moins considérable et qui devient le plus
souvent définitive.... Actuellement, on doit seulement
comprendre sous le nom de glaucome une affection caractérisée par l'augmentation de la pres-

---

(1) Reynal. *Nouv. dictionn. prat. etc* : FLUXION PÉRIODIQUE.

sion intra-oculaire, entraînant à sa suite une altération par compression des membranes profondes de l'œil, et en particulier une excavation par refoulement du nerf optique...

« Il est important au point de vue clinique d'en distinguer deux formes principales, la *forme aiguë* et la *forme chronique*.

« Le glaucome aigu apparaît parfois d'une façon brusque et soudaine ; mais, dans la majorité des cas, il est précédé d'une période prodromique caractérisée tantôt par des névralgies temporo-ciliaires, avec injection sous-conjonctivale, tantôt par des troubles passagers de la vue, des phénomènes lumineux subjectifs, (*photopsies, chromopsies*). Ces accidents disparaissent complètement et peuvent se produire pendant des mois, quelquefois même des années, avant l'invasion de la véritable attaque glaucomateuse.

« Celle-ci survient le plus souvent pendant la nuit... ; si l'on examine l'œil à ce moment, on le trouve larmoyant ; la cornée entourée d'un léger bourrelet dû au chémosis, présente un aspect très différent selon l'intensité du mal.... L'humeur aqueuse conserve rarement sa transparence ; on y voit de petits flocons nuageux, tantôt sous forme de dépôts sur la membrane de Descemet, tantôt libres, flottant dans ce liquide. Ces altérations, jointes au défaut de transparence plus ou moins prononcé de la cornée, empêchent de se rendre compte de l'état du corps vitré et des membranes profondes de l'œil. Lorsque l'attaque a perdu de son intensité..., la *pupille* est dilatée : cette dilatation est un signe très important à noter, car il est peut-être la seule affection aiguë dans laquelle on l'observe ; elle est due à une paralysie incomplète du sphincter iridien consécutive à la compression des nerfs ciliaires...

« En explorant la consistance du globe oculaire avec la pulpe du doigt indicateur ou du médius sur l'œil légèrement fermé, on trouve qu'elle a augmenté d'une façon notable... Dans les cas extrêmes, la pression intra-oculaire est tellement forte que l'œil paraît dur comme une bille de marbre (1). »

Après une description du glaucome aigu, à peu près semblable à celle qui précède et à laquelle ils ajoutent l'injection périkératique et l'insensibilité de la cornée, les auteurs de l'article GLAUCOME du *Dictionn.* du D<sup>r</sup> Jaccoud (2) s'expriment ainsi : « Il est rare qu'après une attaque assez intense de glaucome aigu, la vision reprenne complètement son acuité primitive ; on voit persister souvent un rétrécissement du champ visuel, des scotomes. Enfin tantôt après une première attaque, *il s'en produit d'autres plus intenses* ; tantôt, au contraire, la maladie perd son caractère aigu pour prendre une marche chronique. »

Les signes anatomiques extérieurs du glaucome chronique diffèrent peu de ceux qui viennent d'être donnés : je me dispenserai donc de les reproduire.

« *Dans l'intervalle des accès de glaucome*, il y a quelquefois rétablissement de la vision, à moins que le mal ne soit foudroyant (3). »

Les citations que l'on vient de lire, me semblent suffisantes pour établir, ainsi que je le disais plus haut, l'identité de certains cas de fluxion, avec ce que l'on désigne en ophthalmologie humaine, sous le nom de glaucome.

L'un des caractères de la fluxion consiste, comme l'on sait, à se porter d'un œil sur l'autre ;

---

(1) Follin : *Glaucome*, tome IV, p. 419 et suiv.
(1) Cusco et Abadie, tome XVI, page 429.
(2) Bouchut et Després. *Dictionn. de médec.* etc., p. 651.

quelquefois, le premier atteint est déjà complètement perdu lorsque l'autre devient malade ; dans
d'autres circonstances, cet œil primitivement malade
ne porte que de légères lésions et reste indéfiniment dans cet état, tandis que son congénère peut
éprouver les effets d'une phthisie complète.

Ces sortes d'affections oculaires sont très bien
connues des médecins, et constituent ce qu'ils
nomment *l'Ophthalmie sympathique.*

« Au point de vue clinique, on désigne sous le
nom d'ophthalmie sympathique une affection très
grave, survenant dans un œil sain et le condui-
sant généralement à sa perte totale, uniquement
parce que l'autre œil est devenu le siège d'une
certaine maladie....

*« Chaque fois qu'une affection ciliaire s'accompagne
soit primitivement, soit secondairement, de douleurs ciliaires
durables, elle peut donner lieu à une affection sympathique
sur le second œil ;* elle y donnera lieu d'autant plus
sûrement que les douleurs ciliaires sont plus intenses et plus durables. Cela revient à dire que
toutes les affections oculaires capables de se
compliquer de *cyclite* peuvent donner lieu à une
ophthalmie sympathique.....

« Les diverses affections oculaires qui sont dans
ce cas, sont avant tout les blessures du corps
ciliaire avec ou sans présence d'un corps étranger
dans l'œil, et les plaies pénétrantes de l'œil avec
présence d'un corps étranger quelque part dans l'œil.
Ces états morbides fournissent le plus fort con-
tingent des ophthalmies sympathiques. Viennent
ensuite à peu près dans leur ordre d'importance
la *cyclite durable* et la *phthisie* oculaire qui en est la
suite ; les *enclavements,* surtout périphériques, de
l'iris ; les *staphylômes,* surtout ciliaires ; les *blessures*

*du cristallin* ; *l'ossification du tractus uvéal* qui s'observe à la longue dans tous les yeux fortement désorganisés, staphylomateux et atrophiques ; la *panophthalmie* rarement ; les *cysticerques intra-oculaires* et les *sarcomes choroïdiens* dans des cas particuliers, etc....

« Pendant longtemps on estimait que la sympathie ne se montrait que sous la forme d'*iritis*, de *cyclite, ou d'irido-cyclite* ; l'expérience clinique a fini par faire rentrer, dans ce cadre, des formes morbides de plus en plus nombreuses, et il est bien possible que d'autres affections oculaires, auxquelles on ne songe guère aujourd'hui, finiront par y rentrer également..... Mais ce qui tend à être prouvé de plus en plus, c'est que les iritis et les cyclites sympathiques sont très souvent compliquées d'emblée d'une *névro-rétinite* ou d'une *rétinite*...

La *choroïdite aréolaire* ou *atrophique* paraît devoir être attribuée réellement, dans certains cas publiés, à la sympathie, de même que la combinaison de choroïdite avec rétinite.... Ajoutons que dans certains cas, on a attribué à la sympathie des *atrophies* simples du nerf optique, des *kératites* profondes, et jusqu'à la *cataracte* et aux simples *troubles* du corps vitré (1). »

D'après le même auteur, l'œil sympathisant n'est pas toujours perdu, surtout dans le cas d'irido-cyclite idiopathique : cet organe peut même guérir en partie et l'autre se perdre. Nous savons que Hamon aîné a signalé cette particularité chez le cheval.

Dans une statistique portant sur 605 malades observés par lui, Rossander a vu huit fois des accidents sympathiques sur 151 cas de *leucome* adhérent,

_________

(1) Nuel. *Dictionn. encyclopédique :* OPHTHALMIE SYMPATHIQUE.

après développement d'un glaucome secondaire ; il en a observé 34 fois sur 140 cas *d'irido-choroïdite* : 11 fois à la suite d'irido-choroïdites spontanées, 23 fois à la suite d'irido-choroïdites traumatiques. Sur 13 cas *d'atrophie* douloureuse spontanée de l'œil il y eut 11 ophthalmies sympathiques. Les autres maladies spontanées qui ont donné lieu aux troubles sympathiques sont : le *glaucome*, *l'hémorrhagie* du corps vitré, le *décollement* de la rétine et les *atrophies* diverses...

« Dans cette même statistique, Rossander a noté que l'ophthalmie sympathique s'est présentée sous les formes suivantes : *névralgie ciliaire*, 29 fois ; *irido-choroïdite*, 17 fois ; *cyclite*, 10 fois ; *glaucome*, 6 fois ; *choroïdite parenchymateuse*, 3 fois ; *sclérite* 2 fois ; *amblyopie*, 2 fois ; *kératite intermittente*, 1 fois (1). »

Voilà donc un point bien établi : les solipèdes n'ont malheureusement pas le privilège de *la fluxion qui se porte d'un œil sur l'autre*.

La fluxion récidive ; elle est *intermittente* : c'est également un de ses principaux caractères.

Cette propriété fâcheuse se retrouve encore dans plusieurs affections oculaires de l'homme ; Vidal nous apprend que la *sclérotite*, comme la *kératite*, récidive fréquemment ; il est vrai que ces affections n'existent presque jamais isolément, mais se compliquent très souvent d'iritis, de choroïdite et autres inflammations de l'œil, si toutefois elles ne les compliquent pas elles-mêmes.

On vient de voir que Rossander parle d'une *kératite intermittente*.

---

(1) Gosselin et Longuet. *Dictionn.* du Dr Jaccoud : OPHT. SYMP.

J'ai signalé *l'iritis à rechutes*, les *poussées succes-sives* de l'irido-choroïdite, la marche fort longue et les *alternatives d'aggravation et d'amélioration* de la choroïdite séreuse.

Vidal dit que l'*hypopion* « disparaît quelquefois pour reparaître de nouveau ; c'est ce qu'on appelle *hypopion intermittent* (1). » Bouchut et Després s'expriment ainsi : « lorsqu'il y a *irido-choroïdite parenchymateuse*, on voit une injection périkératique très prononcée, compliquée d'un chémosis ; la vision n'est pas d'abord très altérée, mais un hypopion apparaît tout à coup et semble se résorber bientôt après *pour se reproduire ensuite*.....(2). »

En ce qui concerne le *glaucome*, les auteurs que nous avons cités parlent *d'attaques successives, d'accès* dans l'intervalle desquels la vision peut se rétablir plus ou moins complètement.

Enfin, il n'est pas jusqu'à l'*ophthalmie sympathique* qui ne puisse, sous ses différentes formes, présenter le caractère intermittent :

« La marche de l'ophthalmie sympathique revêt les caractères les plus divers. Parfois la maladie débute tout à coup, et en deux ou trois jours arrive à son maximum d'intensité ; parfois elle naît insidieusement, et sa période d'état prend une allure chronique des plus manifestes. Tantôt elle est continue, *tantôt elle est rémittente, ou intermittente. Lorsque l'ophthalmie offre des rémissions d'assez longue durée*, le médecin peut être induit en erreur au grand préjudice de son malade. On croit à la possibilité d'une guérison, et le traitement radi-

---

(1) Vidal (de Cassis), *loc. cit.*, p. 192.
(2) *Dict. de méd. et de thérapeut.* : IRIDO-CHOROÏDITE.

cal est différé. *Mais chaque nouvelle attaque provoque des troubles plus graves*, et bientôt le mal devient irréparable (1). »

### C) — *Conclusions*.

Je crois avoir amplement démontré :

1° Que l'on ne s'est appuyé, jusqu'à présent, sur aucun motif valable pour rejeter l'opinion des auteurs et des praticiens qui disent avoir observé la *fluxion* chez des animaux appartenant à l'espèce bovine, à l'espèce ovine, etc.

2° Que tous les caractères assignés à cette maladie peuvent s'observer chez l'homme.

---

Je n'hésite donc pas à dire que *les maladies confondues sous le nom de fluxion périodique ne sont pas particulières aux solipèdes*.

J'ajoute que si l'on doit continuer à désigner ces affections sous une appellation générique, il faudra dire désormais *les fluxions périodiques* : un cheval ne sera plus atteint de *la* fluxion, mais *d'une* fluxion périodique.

Je ne saurais évidemment me flatter de voir ces conclusions, non plus que celles que j'ai données précédemment ( page 67 ), recevoir l'approbation immédiate de tous mes confrères. Toutefois j'ai l'espoir que la deuxième partie de ce travail pourra en fortifiant les dites conclusions, contribuer à les faire admettre.

---

(1) Gosselin et Longuet ; *loc. cit.*

## II

### Ophthalmie interne.

Le mot *ophthalmie* a été employé pour ainsi dire de tout temps pour désigner les affections inflammatoires de l'œil, quelles qu'en soient les parties affectées, et à quelque cause que puisse être attribuée l'inflammation.

Mais avec les progrès de l'ophthalmologie, les maladies oculaires de l'homme ayant pu être assez bien différenciées, on a désigné chacune d'elles par un nom rappelant celui de l'organe spécialement atteint, et l'on a réservé celui d'*ophthalmie* ou *ophthalmite* aux affections qui intéressent une grande partie de l'organe visuel, ou même l'œil tout entier. De là les noms de *conjonctivite, kératite, iritis, irido-cyclite, choroïdite, hyalitis*, etc., qui, ainsi qu'on a pu le voir en parcourant les pages précédentes, sont si souvent employés aujourd'hui dans le langage ophthalmologique.

En vétérinaire, nous n'avons suivi ce mouvement que de très loin : beaucoup d'entre nous ne connaissent encore que la conjonctivite et la kératite qui se sont peu à peu substituées à l'ophthalmie *externe* ; quant aux affections profondes du globe oculaire, —à part la cataracte et l'amaurose,—on ne se préoccupe guère que d'*une ophthalmie interne* pour les animaux des espèces autres que les solipèdes, et de la même maladie, ainsi que de la *fluxion périodique*, pour ces derniers.

Cette distinction est désormais surannée ; nous savons que *les fluxions* qualifiées de *périodiques* ne sont et ne peuvent être que des *ophthalmies internes* : l'important est de discerner parmi ces dernières, celles qui sont sujettes à récidive, ainsi que celles qui peuvent développer la *sympathie*.

Nous comprendrons bientôt, en rappelant brièvement la constitution anatomique de l'œil, combien pour le pathologiste, la localisation absolue des maladies qui peuvent atteindre cet organe, doit présenter, et présente en effet de difficulté. Déjà, la lecture d'un certain nombre de descriptions se rapportant aux mêmes maladies oculaires de l'homme, — descriptions faites par des auteurs différents, — suffirait à convaincre de la difficulté de cette tâche, par les quelques divergences qui se constatent : tel auteur rapportant un symptôme à certaine maladie déterminée, alors que tel autre l'attribue à une maladie différente.

M. Gayet exprime bien le doute qu'éprouve parfois l'ophthalmologiste lorsqu'il dit : « Bien souvent, avec la cornée, l'iris, la choroïde et la sclérotique sont affectés ; le corps vitré lui-même peut avoir été envahi, et, dans ce cas, lequel de ces états est la complication de l'autre ? » — C'est que, d'une part, les relations diverses qui unissent les différentes membranes et les milieux, — relations nerveuses et vasculaires, relations par continuité de tissus ou par simple voisinage, — ces relations les rendent bien souvent solidaires, et sont une cause fréquente d'extension de la maladie qui, originairement, s'était développée en un point quelconque. D'autre part, les difficultés que l'on éprouve à faire un examen complet, viennent encore singulièrement compliquer le diagnostic.

Si l'on joint à cela l'ignorance de beaucoup de symptômes subjectifs dans laquelle sont tenus les vétérinaires ; si l'on fait entrer en ligne de compte — et c'est justice — l'indocilité de leurs malades qui, souvent, rend *impossible* pour eux ce qui n'est que *difficile* pour le médecin ; si l'on tient compte, enfin, de l'absence *forcée* de spécialistes parmi eux, on comprendra que les vétérinaires ne sont réellement pas favorisés, et on les excusera de s'être laissé devancer par les médecins de l'homme.

Il résulte de ce qui précède que la désignation unique et simple d'*ophthalmie interne* peut jusqu'à un certain point se justifier, et qu'elle a peut-être sa raison de persister longtemps encore parmi nous. Cependant, personne ne saurait méconnaître l'intérêt réel qui s'attache à la prévision des terminaisons diverses qui peuvent se produire à la suite de cette maladie : c'est pourquoi il faut essayer de faire de la localisation en étudiant attentivement les symptômes isolés ou groupés, et en s'aidant autant que possible des lumières de l'anatomie normale ou pathologique. Non seulement, le diagnostic y gagnera en précision, mais la thérapeutique ne saurait y perdre.

Ce sont ces considérations qui m'ont déterminé à entreprendre le présent travail, que je considère comme un simple essai destiné à recevoir du temps les compléments nécessaires.

### A) — *Quelques considérations anatomo-physiologiques.*

Il serait parfaitement inutile de vouloir faire ici l'anatomie ainsi que la physiologie complète de l'œil : je me bornerai donc à appeler spécialement l'attention sur quelques particularités qui permettront d'interpréter, et de comprendre les phénomènes pathologiques dont les différentes parties de cet organe peuvent devenir le siège.

#### Cornée transparente.

La cornée remplit, comme l'on sait, l'ouverture que laisse en avant la sclérotique. Son bord libre taillé en biseau aux dépens de la lame externe, se trouve recouvert par la membrane fibreuse qui anticipe beaucoup plus en haut et en bas que sur les côtés : aussi la cornée, qui affecte à l'extérieur la forme d'un ovale dont la base est tournée vers l'angle nasal, — et non d'une ellipse ainsi qu'on le croit généralement, — est-elle assez régulièrement circulaire du côté de sa face profonde.

La cornée contribue à limiter la chambre antérieure ; sa face profonde est donc baignée par l'humeur aqueuse. On admet que par sa circonférence, cette membrane est en rapport avec l'iris : de nombreux examens ne me permettent pas d'adopter cette manière de voir. J'ai, en effet, toujours constaté de la façon la plus nette, qu'un contact très étroit existe entre la cornée et le cercle ou ligament ciliaire ; et ce n'est que par l'intermédiaire de ce dernier, que des rapports peuvent s'établir entre l'iris et la membrane transparente.

Trois couches superposées entrent dans la constitution de la cornée.

La *superficielle* ou conjonctive cornéenne, n'est autre chose, d'après MM. Chauveau et Arloing, que l'épithélium conjonctival étendu sur la face antérieure de la cornée. Reichert a signalé l'existence, immédiatement au-dessous de cet épithélium, d'une lame amorphe qui est connue sous le nom de lame élastique ou membrane de Bowmann : quelques anatomistes la considèrent comme un vestige de la conjonctive elle-même : « Dans un stade assez avancé de la vie intra-utérine, quand la cornée est encore vascularisée, la conjonctive cornéenne est assez bien différenciée de la substance propre de la cornée, et elle reçoit ses vaisseaux sanguins uniquement de la conjonctive, alors que les vaisseaux de la substance propre arrivent de la sclérotique (1). »

Il est bon d'ajouter que la conjonctive, avec ses caractères propres, s'avance sur une zone étroite de la cornée appelée *limbe conjonctival* : rien d'étonnant qu'elle existe profondément modifiée, — en quelque sorte atténuée, — sur toute la surface de la membrane transparente.

La couche *moyenne*, couche fibreuse ou tissu propre de la cornée « est la continuation directe de la sclérotique ; sur une coupe transversale, on voit les faisceaux fibrillaires de l'une se continuer directement dans l'autre. Seulement, dans la cornée, les faisceaux sont plus réguliers, se disposent davantage en lamelles superposées, s'anastomosent moins dans le sens de l'épaisseur de la membrane (2). »

On pourrait croire que cette couche fibreuse est constituée elle-même par plusieurs lames superposées, car, en la pressant entre les doigts, on constate que ses deux faces glissent aisément l'une sur l'autre : « il est possible, en effet, de décomposer la membrane cornéenne proprement dite en plusieurs lames et lamelles ; mais le nombre de ces couches étant susceptible de varier suivant le degré d'habileté que l'on peut consacrer à leur séparation, on doit les considérer comme un produit artificiel de la dissection (3). »

Toutefois « chez l'embryon, on a trouvé que les plans cornéens postérieurs sont la continuation di-

---

(1) Nuel ; *Dict. encyclop. du D<sup>r</sup> Dechambre* : ŒIL.

(2) Nuel ; *loc. cit* : ŒIL.

(3) Chauveau et Arloing ; *Anatomie etc.*

recte du corps ciliaire, tandis que la plus grande masse de la substance propre de la cornée est la continuation directe de la sclérotique ; les vaisseaux du corps ciliaire se prolongent dans les plans cornéens postérieurs (1). »

Au microscope, on voit la couche fibreuse formée « de lames très minces qui, en s'accolant les unes aux autres, limitent de nombreux espaces, elliptiques sur une coupe transversale, reliés entre eux par de fins canalicules, et contenant des éléments cellulaires arrondis qui peuvent cheminer d'un espace à l'autre (2). »

La couche *interne* de la cornée, facile à isoler, très fragile et s'enroulant sur elle-même lorsqu'on la sépare de la couche fibreuse, est connue sous les noms de membrane de Demours ou de Descemet; elle « se compose d'une membrane anhiste de $0^{mm},02$ d'épaisseur, qui devient légèrement fibreuse à la périphérie de la cornée, où elle forme, en se portant sur l'iris, le *ligament pectiné*; 2° d'un épithélium simple à cellules polygonales munies d'un noyau volumineux (3). »

A mon humble avis, et chez nos grands animaux au moins, si la membrane de Descemet quitte la cornée pour se porter sur les parties avoisinantes, ce ne peut être que sur l'anneau tendineux du muscle ciliaire dont les rapports avec la cornée sont des plus évidents, tandis que l'iris est situé à une certaine distance.

Sauf chez le mouton, la cornée saine ne présente point de vaisseaux apparents. Le docteur Nuel pense que les vaisseaux épisclérotidiens sont desti-

---

(1) Nuel ; *loc. cit.*

(2) Chauveau et Arloing ; *Anatomie etc.*

(3) *Id., id.*

nés avant tout à la nutrition de la cornée ; et il admet que les tubes cornéens interstitiels prolongent en quelque sorte, dans la cornée, le réseau vasculaire en question.

Lorsque l'on voit avec quelle rapidité la cornée se vascularise dans les cas d'irritation, on est tenté de croire qu'elle possède réellement des vaisseaux très ténus dont le diamètre habituel ne permet pas le passage des globules sanguins, et qui n'ont qu'à s'amplifier légèrement pour se révéler. Alors il est aisé de voir que ces vaisseaux ont certainement des relations avec ceux des divers organes avoisinants : tandis que les uns continuent visiblement ceux de la conjonctive ou de l'épisclère, les autres apparaissant tout-à-coup à la périphérie de la cornée, ne peuvent provenir que de ceux de la sclérotique ou du corps ciliaire, ce qui se comprend très bien d'après ce que nous avons dit plus haut de la nature des différentes couches de la cornée : nature si bien mise en lumière par les observations embryogéniques.

Bien que l'étude à laquelle nous venons de nous livrer soit très incomplète, elle permet néanmoins de se rendre compte de la propagation à la cornée des maladies de la conjonctive, de la sclérotique, du corps ciliaire et même de l'iris. Pour les mêmes raisons anatomiques, on comprendra tout aussi facilement que les maladies primitives de la cornée puissent, en s'irradiant, gagner la conjonctive, la sclérotique et le corps ciliaire ; il ne paraîtra pas non plus surprenant, que ces mêmes maladies réagissent sur le contenu de la chambre antérieure, dont la cornée forme une grande partie des parois.

**Sclérotique.**

Cette membrane qui forme avec la cornée l'enveloppe extérieure de l'œil, est composée d'un tissu fibreux blanc dont les faisceaux, entremêlés de quelques fibres élastiques et parsemés en certains points de matière pigmentaire, s'entrecroisent en divers sens, laissant entre eux, çà et là, de petites ouvertures par où pénètrent les vaisseaux et les nerfs ciliaires.

Bien au-dessous du pôle postérieur de l'œil, et *un peu en dehors*, la sclérotique livre passage au nerf optique dont la direction est oblique de dedans en dehors. Les fibres les plus superficielles de l'enveloppe oculaire se confondent avec le névrilème; quant aux fibres profondes, elles s'écartent pour livrer passage aux tubes nerveux, et constituent en ce point ce que l'on nomme la *lame criblée*.

La face externe de la sclérotique est en rapport, surtout dans son hémisphère postérieur, avec les différents muscles de l'œil et leurs tendons ; en avant, dans sa partie visible, elle est recouverte par la conjonctive dont la sépare un tissu cellulaire très lâche auquel on donne le nom d'*épisclère* ou *Capsule de Ténon* : l'épisclère sert de support à des vaisseaux nombreux qui paraissent destinés surtout à la nutrition de la cornée, et qui sont susceptibles de prendre un grand développement dans certaines inflammations de l'œil. La transparence de la conjonctive permet très bien de les voir, et comme cette membrane ne les entraîne pas dans ses déplacements, on ne saurait les confondre avec les siens propres qui, du reste, sont loin d'être aussi volumineux.

A sa face interne, la sclérotique adhère à la choroïde et au corps ciliaire par une autre couche de tissu conjonctif de couleur noirâtre, à mailles très peu serrées, que l'on désigne sous le nom de *lamina fusca*, et que traversent ou sillonnent les vaisseaux et les nerfs qui se rendent à la choroïde, au corps ciliaire et à l'iris. L'anneau tendineux du muscle ciliaire est uni à la cornée opaque par un tissu conjonctif beaucoup plus serré.

En avant, la zone formée par la cornée et la sclérotique superposées peut être qualifiée de *scléro-cornéenne* : aux deux extrémités du diamètre vertical de l'œil, cette zone n'a pas moins de trois à quatre millimètres, d'où résultent dans la chambre antérieure, en haut et en bas, deux culs-de-sac assez profonds, quoique à peu près inappréciables à l'extérieur, et dont les semblables n'existent pas aux extrémités du diamètre transverse, où la sclérotique ne recouvre pas ou ne recouvre que fort peu la cornée.

La sclérotique, très peu vasculaire, reçoit quelques petits vaisseaux nutritifs des artères ciliaires *courtes postérieures*, ainsi que des artères ciliaires *antérieures*. Ces dernières qui sont surtout destinées à l'iris, et qui s'y rendent en traversant la coque fibreuse, forment aussi les vaisseaux de l'épisclère, — lesquels arrivés à une faible distance de la cornée, se divisent « dichotomiquement, coup sur coup, et donnent naissance à un grand nombre de filets microscopiques reliés latéralement entre eux, et disposés tous radiairement par rapport au centre de la cornée (1). »

Cette disposition radiée qui est signalée dans l'œil humain, existe aussi chez le chien où il est très facile de la constater dans certaines kératites ; mais elle paraît bien moins régulière chez le cheval et chez les ruminants.

---

(1) Nuel ; *loc. cit.* : Vaisseaux ophthalmiques.

Cela offre, du reste, assez peu d'importance : l'essentiel est de se souvenir qu'il existe, entre l'iris et la cornée notamment, des relations très étroites par l'intermédiaire des vaisseaux épiscléraux.

### Choroïde, Procés ciliaires, Cercle ou Muscle ciliaire, Iris.

Ces différents organes forment un tout continu qui constitue la partie de l'œil la plus riche en vaisseaux : c'est la *choroïde* ou *membrane vasculaire* de l'œil. On applique quelquefois à cet ensemble le nom d'*uvée* ou *tractus uvéal;* il est des auteurs qui réservent le nom d'*uvée* à l'iris, tandis que d'autres désignent ainsi la couche pigmentée qui tapisse la face postérieure de ce diaphragme et des procès ciliaires, ainsi que la face interne de la choroïde proprement dite.

L'anatomie pathologique des affections oculaires nous apprend que si les différentes parties de la membrane vasculaire peuvent être atteintes simultanément, elles peuvent aussi l'être d'une façon isolée ; or, comme notre but est de faire autant que possible de la localisation, et qu'il importe avant tout de s'entendre, nous désignerons à l'exemple des ophthalmologistes, sous le nom de *choroïde* ce que les anatomistes appellent la *zone choroïdienne* ou *postérieure,* — laquelle, comme on le sait, a pour limites en avant les *procès ciliaires.* Les affections de ces derniers, ainsi que celles du *muscle ciliaire* ne se distinguant guère les unes des autres, nous comprendrons ces organes sous la désignation commune de *corps ciliaire.* Enfin, le mot *iris* a une signification sur laquelle tout le monde est d'accord.

Nous savons que la choroïde est appliquée sur la face interne de la sclérotique : l'espace aréolaire compris entre ces membranes et occupé par la *lamina fusca*, porte le nom *d'espace suprachoroïdien*. D'autre part, la choroïde par sa face interne, sert de support à la rétine ; enfin elle présente en arrière une ouverture dont la forme est indiquée par celle de la papille optique.

A travers le tissu délicat de la rétine, la choroïde entretient des relations importantes avec le corps vitré.

Nous avons déjà signalé les rapports qui existent entre la cornée et la sclérotique, d'une part, et le corps ciliaire. En ce qui concerne spécialement les *procès*, leur face postérieure est tapissée par la rétine dépourvue de ses éléments nerveux, et recouverte elle-même par le corps vitré. Un ligament annulaire, mince, diaphane et résistant, — émanation de la rétine et de la membrane hyaloïde, — maintient le cristallin comme enchatonné dans l'ouverture circulaire que circonscrivent les procès par leur extrémité interne.

L'iris, situé en avant des procès ciliaires et du cristallin, est en contact avec ce dernier par les bords de son ouverture centrale lorsqu'elle est resserrée. Un étroit espace qui existe entre sa portion périphérique et les procès, constitue la *chambre postérieure*.

Normalement, le diaphragme oculaire semble convexe en avant. La pupille occupe une situation bien centrale : circulaire chez le chien, elle est elliptique dans le sens transversal chez les herbivores; de plus, elle se montre chez ces derniers, constamment bordée de grains de suie plus ou moins volumineux, surtout à sa partie supérieure.

Ne voulant pas faire une description détaillée de la texture de la membrane uvéale, je me bornerai à rappeler de nouveau qu'elle est essentiellement vasculaire et susceptible, par conséquent, d'éprouver des modifications d'épaisseur selon que ses vaisseaux sont plus ou moins affaissés ou distendus. Dans la *choroïde*, ceux-ci sont disposés en deux couches formant la deuxième et la troisième parmi celles que décrivent la plupart des anatomistes : ils sont volumineux dans la deuxième couche — la plus externe relativement, — tandis que dans la troisième ils constituent un réseau capillaire d'une grande richesse.

La quatrième couche de la choroïde — la plus interne, — est formée d'une lame anhiste, vitrée, non vasculaire, recouverte d'un épithélium à une seule couche de cellules hexagonales très régulièrement placées les unes à côté des autres, et contenant, sauf sur le tapis, de nombreuses granulations pigmentaires. Quelques anatomistes rattachent à la rétine cette couche épithéliale : en tous cas, sa sa nutrition est sous la dépendance exclusive des vaisseaux choroïdiens.

Lorsque, après avoir décollé la rétine, on enlève par le frottement la couche des cellules pigmentées qu'elle laisse en place, on aperçoit très bien à l'œil nu le réseau des gros vaisseaux de la choroïde, et particulièrement celui des veines ; on peut également s'en faire une idée assez nette, en regardant par transparence une sclérotique desséchée à laquelle la choroïde est restée adhérente. Les vaisseaux veineux se montrent disposés en quatre groupes principaux, ou *tourbillons*, correspondant chacun à une artère *ciliaire courte postérieure*. La surface occupée par chaque groupe est plus ou moins ovalaire ou elliptique : de sa périphérie, les vaisseaux se dirigent vers un point central situé un peu en arrière de l'équateur bulbaire, en s'abouchant deux à deux, et en diminuant progressivement en nombre par un mécanisme inverse à celui de la division dichotomique :

de cette façon, ils conservent entre eux un certain parallélisme interrompu çà et là par les anastomoses. — Un vaisseau unique résulte de cette concentration de tous ceux d'un même groupe : c'est une des veines dites *étoilées* ou *vorticineuses* sur lesquelles nous aurons à revenir.

En même temps que le réseau si remarquable des veines choroïdiennes, on voit dans le voisinage du pôle oculaire postérieur, quatre ou cinq groupes d'autres vaisseaux dont la disposition est différente : ceux-ci, dans chaque groupe, s'échappent en rayonnant d'un point central, sans présenter d'anastomoses, si ce n'est, peut-être, par des filets très déliés. Leur trajet est sinueux, et leur direction générale se montre plus ou moins perpendiculaire à celle des veines des tourbillons : ce sont les divisions fournies par les artères ciliaires *courtes postérieures*.

La trame vasculaire que la choroïde montre ainsi après enlèvement de la couche pigmentaire se voit très distinctement sur le vivant, à l'examen ophthalmoscopique, dans certains cas maladifs où cette même couche colorée a disparu plus ou moins complètement : c'est afin qu'on puisse la reconnaître que je me suis étendu aussi longuement sur sa disposition.

Les *procès ciliaires ;* presque exclusivement de nature vasculaire comme la choroïde, sont tapissés par un épithélium stratifié, présentant au moins deux couches de cellules polygonales.

Le *muscle ciliaire* se trouve situé entre la sclérotique et les *procès ;* il adhère fortement à la membrane fibreuse, et assez faiblement, au contraire, à la face externe des *procès*, plus épais à sa partie antérieure, ce muscle est formé de fibres *lisses* dont les unes — les plus externes — se dirigent d'arrière en avant, et viennent s'insérer sur une sorte de tendon circulaire qui, ainsi que je l'ai déjà indiqué, sépare la cornée et l'iris à leur circonférence ; — les autres forment un anneau perpendiculaire à la direction des précédentes.

On s'accorde à faire jouer au muscle ciliaire un grand rôle dans le phénomène de l'accommodation.

L'*iris*, tout en possédant de nombreux vaisseaux, est également de nature musculaire et à fibres lisses chez les mammifères. Sur le bord pupillaire, existe un sphincter duquel partent, en rayonnant, d'autres fibres dont la contraction produit la dilatation de la pupille. La face postérieure du diaphragme oculaire est tapissée par un épithélium identique à celui du corps ciliaire, et se montrant quelque peu stratifié ; la face antérieure présente une simple couche de cellules polygonales incolores, analogues à celles qui recouvrent la membrane de Descemet.

La circulation de la choroïde, du corps ciliaire et de l'iris, a été surtout bien étudiée par Leber ; nous emprunterons à cet auteur quelques-uns des détails suivants.

Les artères qui fournissent à la circulation de la membrane vasculaire de l'œil, portent le nom *d'artères ciliaires*. On distingue les ciliaires *postérieures* et les ciliaire *antérieures* ; parmi les premières, il en est de *courtes* et de *longues*.

Les *artères ciliaires postérieures*, au nombre de six environ, proviennent, soit de l'artère ophthalmique, soit de ses divisions. Chez l'homme, elles se subdivisent en une vingtaine de rameaux qui, tous, perforent la sclérotique d'arrière en avant et lui abandonnent quelques filets nutritifs très ténus ; chez le cheval, j'ai des raisons de croire qu'elles ne la perforent qu'au nombre de quatre ou cinq vers le pôle oculaire postérieur ; elles donnent immédiatement les *ciliaires longues* que nous retrouverons dans un instant, et pénètrent ensuite dans le tissu de la choroïde où chacune se subdivise en un certain nombre d'artérioles. Celles-ci s'éloignent en rayonnant, ainsi qu'il a déjà été dit plus haut, pour se continuer après leur division en capillaires, par le réseau veineux qui, en dernier résultat, constitue les veines étoilées.

Le sang fourni par ces artères se distribue dans la choroïde proprement dite, à l'exclusion du corps ciliaire ; tout au plus signale-t-on quelques anastomoses entre les ramifications de ces artères et celles des *ciliaires antérieures*, ainsi que des *longues postérieures*.

Les *artères ciliaires postérieures longues*, au nombre de deux, l'une interne, l'autre externe, se portent d'arrière en avant en parcourant l'espace suprachoroïdien, et, arrivées au niveau de l'insertion de l'iris, pénètrent dans le muscle ciliaire, s'y bifurquent, donnant chacune une branche supérieure et une branche inférieure qui vont à la rencontre de celles du côté opposé, et forment ainsi un cercle complet appelé le *grand cercle artériel de l'iris*.

Les *artères ciliaires antérieures*, au nombre de quatre à six, sont fournies par les artères musculaires : elles abordent la sclérotique au niveau de l'insertion des muscles droits, fournissent à cette membrane de minces filets nutritifs, rampent à sa surface où elles apparaissent flexueuses à travers la conjonctive, et se dirigent vers la circonférence de la cornée. Arrivées à quelque distance de celle-ci, elles fournissent chacune une branche volumineuse, dite *artère perforante*, qui pénètre à travers la sclérotique, puis dans le corps ciliaire et va contribuer à la formation du *grand cercle artériel de l'iris*, ainsi que d'un second cercle artériel situé au milieu même du muscle ciliaire.

De ces cercles artériels partent des rameaux nombreux destinés à l'iris, au muscle et aux procès ciliaires; quelques-uns se porteraient aussi à la rencontre de ceux des artères ciliaires courtes postérieures.

Les vaisseaux de l'iris convergent tous vers la pupille; s'anastomosant entre eux, ils forment un réseau à larges mailles qui constitue en dernier lieu un nouveau cercle vasculaire autour de cette ouverture: c'est le *petit cercle iridien* ou le *petit cercle artériel de l'iris*.

C'est par les veines étoilées ou vorticineuses que sort la plus grande partie du sang amené par les artères ciliaires, soit *antérieures*, soit *postérieures*. Les ciliaires *longues* n'ont pas de veines correspondantes; quant aux *perforantes* fournies par les ciliaires antérieures, elles n'en possèdent que de très petites dont le calibre est inférieur à celui des artères elles-mêmes.

Les *veines vorticineuses* formées, ainsi qu'il a été dit, un peu en arrière de l'équateur bulbaire, perforent en ce point la sclérotique d'avant en arrière, et vont se déverser, selon leur situation, soit dans les veines musculaires, soit dans les veines ophthalmiques supérieure et inférieure.

Il résulte de ce qui précède, que la membrane vasculaire de l'œil peut être justement divisée, au point de vue de la circulation artérielle, en deux zones à peu près indépendantes: cela explique la possibilité de la localisation du processus inflammatoire, tantôt dans la zone antérieure, tantôt dans la zone postérieure.

On aura remarqué également que les veines n'accompagnent pas les artères et qu'elles perforent la coque fibreuse de l'œil dans des points différents et éloignés. Nous aurons, plus tard, à tenir compte de cette disposition exceptionnelle.

Les *nerfs* destinés à la choroïde, au corps ciliaire et à l'iris proviennent, par l'intermédiaire du ganglion ophthalmique, de la *troisième* paire (nerf moteur), de la *cinquième* (nerf sensitif) et enfin du grand sympathique ; quelques filets sont même donnés directement par le *palpébro-nasal* qui fournit déjà la racine sensitive du ganglion.

Les *nerfs ciliaires* perforent la sclérotique dans le voisinage du nerf optique, et, accolés à la face externe de la choroïde à laquelle ils abandonnent quelques filets très déliés, se portent en avant jusqu'au niveau du muscle ciliaire. Se trouvant alors au nombre approximatif de quinze à vingt, ces nerfs pénètrent dans l'épaisseur du muscle où ils forment par leurs anastomoses, un plexus annulaire qui laisse échapper de nombreuses fibres destinées, les unes, au muscle lui-même, et les autres à l'iris ainsi qu'à la cornée.

La richesse vasculaire de la choroïde proprement dite dépasse certainement de beaucoup ce qui serait nécessaire à sa nutrition, et donne à cette membrane une importance considérable. Le docteur Nuel fait remarquer que son réseau capillaire occupe une situation concentrique, alors que les couches externes de la rétine sont dépourvues de vaisseaux sanguins ; il en conclut que la choroïde doit fournir à la nutrition de ces couches de la membrane nerveuse.

Je crois que l'on pourrait ajouter à cette fonction celle de la nutrition au moins partielle du corps vitré : l'influence considérable qu'exercent sur ce milieu oculaire les maladies de la choroïde, me paraît autoriser cette supposition.

L'épithélium pigmenté qui tapisse la face postérieure de l'iris, celle des procès ciliaires et la face interne de la choroïde, joue, comme l'on sait, un rôle important dans la vision, en s'opposant à la diffusion des rayons lumineux.

Pourquoi l'œil humain est-il dépourvu de *tapetum* coloré, alors que celui-ci existe chez certains mammifères ? Quel rôle joue ce tapis dans l'acte de la vision ? — Ce sont là des questions auxquelles il n'a pas encore été, que je sache, donné de solution.

### Nerf optique, papille, rétine.

Le *nerf optique*, ou nerf de la sensibilité spéciale de l'œil, aborde le globe au-dessous et un peu en dehors du pôle postérieur ; il subit un étranglement manifeste au moment où il pénètre à travers la *lame criblée*.

Dans l'intérieur de l'œil, le point de pénétration du nerf est indiqué par une surface de nuance variable et de forme irrégulièrement elliptique, arrondie, ou même triangulaire suivant les espèces, — surface à laquelle on donne le nom de *papille*.

A partir de ce point, le nerf ne présente plus la forme funiculaire : ses fibres se disposent en une couche qui entre dans la constitution de cette membrane mince, très délicate, de couleur blanc-grisâtre sur le cadavre, — mais transparente pendant la vie, à laquelle on donne le nom de *rétine*.

La *rétine* tapisse la face interne de la choroïde, celle des procès ciliaires, et même, dit-on, jusqu'à la couche pigmentée de la face postérieure de l'iris ; chemin faisant, elle a fourni en partie le ligament suspenseur du cristallin ou *zone de Zinn*.

Dans presque toute son étendue, la rétine se trouve en rapport par sa face profonde avec le *corps vitré*.

L'organisation très compliquée de la rétine, comprend du tissu conjonctif et des éléments nerveux de formes très variées. Il est à noter que ces derniers disparaissent totalement à partir de la zone festonnée, ou *ora serrata*, qui correspond à l'extrémité externe des procès : ceux-ci — ou plutôt la couche épithéliale qui les recouvre — ne sont donc plus tapissés que par le tissu de charpente de la rétine.

La membrane nerveuse possède une circulation distincte de celle des autres parties de l'œil. L'artère dite *centrale de la rétine*, — une des divisions de l'artère ophthalmique, — après s'être logée dans l'axe du nerf optique, pénètre avec lui dans l'intérieur de l'œil : arrivée à la papille, et après avoir envoyé quelques branches anastomotiques aux artères ciliaires postérieures, elle présente chez le bœuf, le mouton et le chien, une disposition qui a la plus grande analogie avec celle que les ophthalmologistes ont reconnue et si bien décrite dans l'œil humain. C'est-à-dire qu'elle se divise en un certain nombre de branches, — *deux*, *trois*, *quatre*, selon l'espèce et l'individu — qui, partant du centre de la papille, s'éloignent en rayonnant, se subdivisent à leur tour et vont se répandre dans les différentes régions de la membrane nerveuse : ces artères présentent ce caractère particulier qu'elles ne s'anastomosent pas entre elles, ce qui les met dans l'impossibilité de se suppléer mutuellement. Contrairement à ce que nous avons dit exister pour les artères ciliaires, celles de la rétine ont leurs veines satellites.

Chez les solipèdes, la disposition des vaisseaux rétiniens est bien différente : à la surface et à la périphérie de la papille, il en existe un certain nombre qui sont très déliés et que l'on ne distingue à l'examen ophthalmoscopique qu'au moyen d'une attention soutenue. Parmi ces vaisseaux, les uns au nombre approximatif d'une dizaine, s'échappent en rayonnant de la surface de la papille, mais sans partir d'un point unique et central ; d'autres, en beaucoup plus grand nombre, mais également ténus, s'échappent de la circonférence papillaire autour de laquelle ils forment une sorte d'auréole particulièrement riche du côté du tapis. Il est impossible d'établir à la simple vue une distinction entre les artères et les veines.

Les vaisseaux rétiniens se distribuent dans les couches les plus internes de la membrane ; les couches externes — notamment celle des bâtonnets et des cônes, ainsi que la couche granuleuse externe — n'en présentent aucun. Le D* Bruns, qui vient d'étudier spécialement ce système vasculaire, et dont les résultats obtenus ont été publiés dans le *Journal d'ophthalmologie comparée* (1), entre à ce sujet dans les détails les plus circonstanciés, et fait connaître quelques différences présentées par les animaux domestiques des diverses espèces. Il en résulte, ainsi que nous l'avons déjà dit à propos des vaisseaux choroïdiens, que les couches externes de la rétine doivent tirer leurs matériaux nutritifs de ces derniers vaisseaux.

**Chambre antérieure, Chambre postérieure, Humeur aqueuse.**

Les procès ciliaires, la zone de Zinn et le cristallin forment dans l'œil une cloison complète qui le divise en deux compartiments indépendants : un antérieur et un postérieur. Le premier se trouve à son tour subdivisé par l'iris en deux *chambres* mises en communication par l'ouverture pupillaire : l'une — dont les parois sont constituées par la cornée, le

---

(1) *Annales de Méd. vét., février 1883* ; Analyse du D* Vehenkel.

tendon du muscle ciliaire et la face antérieure de l'iris — s'appelle la *chambre antérieure* ; l'autre a pour parois, en avant, la face postérieure de l'iris, et en arrière, la face antérieure des procès, celle de la zone de Zinn et celle du cristallin : c'est la *chambre postérieure*.

Les parois de ces chambres sont presque partout tapissées par un épithélium pavimenteux — à une seule couche de cellules incolores sur la face postérieure de la cornée et la face antérieure de l'iris ; à plusieurs couches superposées de cellules pigmentées sur la face postérieure de l'iris et sur les procès ciliaires. Cette disposition permet d'assimiler les chambres oculaires aux cavités séreuses, et rend facile l'interprétation de certains phénomènes pathologiques.

La capacité de la chambre antérieure est notablement plus considérable que celle de la postérieure : on se souvient, en effet, que l'iris en état de contraction repose sur le cristallin ; de plus, le cul-de-sac circulaire qui existe entre l'iris et les procès, est loin d'avoir la profondeur de celui qui est compris entre l'iris et la cornée.

Normalement, la face antérieure du diaphragme oculaire est plane, sauf à la périphérie où l'iris s'incurve pour passer en arrière du tendon du muscle ciliaire. Toutefois, comme cette membrane est vue à travers la lentille positive formée par la cornée et l'humeur aqueuse, elle semble beaucoup plus rapprochée par sa partie centrale, ce qui la fait paraître convexe ou bombée en avant.

Une expérience bien simple permet de voir les choses dans leur état réel : il suffit d'annuler les effets de la lentille cornéenne en plongeant un œil dans un vase plein d'eau.

Lorsque, l'iris étant découvert par l'enlèvement de la cornée, on cherche à en détruire les adhérences, on voit sa périphérie se détacher très aisément du muscle ciliaire en entraînant avec elle les procès et la choroïde elle-même, de façon à mettre à découvert l'espace suprachoroïdien : je crois voir à travers ces adhérences si faibles, une communication quasi-naturelle entre la chambre antérieure et l'espace suprachoroïdien, qui permet de comprendre l'apparition soudaine du pus en quantité notable dans cette chambre, après sa formation insidieuse — et très probable — dans la couche conjonctive de la *lamina fusca*.

On donne le nom d'*humeur aqueuse* au liquide contenu dans les deux chambres. C'est un liquide légèrement alcalin, parfaitement incolore et transparent, d'une densité un peu supérieure à celle de l'eau, qui tient en dissolution de un à un et demi pour cent de substances solides, parmi lesquelles de l'albumine et du chlorure de sodium. L'humeur aqueuse est assurément un produit de sécrétion des parois des chambres; quelques auteurs ont pensé qu'elle filtrait du corps vitré : le fait qui s'observe quelquefois, de la persistance de l'humeur aqueuse après disparition complète du corps vitré, n'est pas de nature à appuyer cette opinion.

On a beaucoup disserté sur les voies d'écoulement de l'humeur aqueuse : cette question, à coup sûr intéressante pour le physiologiste, ne nous semble pas avoir pour nous la même importance.

### Cristallin.

Le *cristallin* est une véritable lentille bi-convexe, incolore et transparente comme l'humeur aqueuse, dont la surface antérieure appartient à une sphère, et la surface postérieure à un hyperboloïde (Kepler). Ses rapports ont déjà été suffisamment indiqués.

Les dimensions du cristallin, chez le cheval, sont considérables : son plus grand diamètre peut atteindre vingt-deux millimètres ; son épaisseur varie de douze à quatorze millimètres, et son poids s'élève parfois jusqu'à trois grammes et demi. Sa densité est sensiblement supérieure à celle de l'humeur aqueuse.

Le cristallin comprend une membrane d'enveloppe ou *capsule*, et la lentille proprement dite ou *tissu propre*.

La capsule cristalline est vitreuse et dépourvue de structure ; tout en étant douée d'une certaine élasticité, elle se montre très fragile et se sépare du tissu propre avec la plus grande facilité. On donne à chacune de ses parties — antérieure et postérieure — le nom de *cristalloïde*, et on les désigne selon leur situation, en *cristalloïde antérieure* et *cristalloïde postérieure*.

La première est tapissée sur sa face interne par une couche d'épithélium pavimenteux simple ; elle n'en présente point sur sa surface libre. L'*humeur* dite de **Morgagny**, résulte sur l'œil du cadavre de la décomposition rapide de cette couche épithéliale.

Le *tissu propre* est constitué par des fibres — véritables tubes — unies par leurs bords au point de former des lamelles concentriques. Ces fibres sont disposées comme des méridiens qui partent du milieu de la cristalloïde antérieure pour passer sur l'équateur de l'organe, et se terminer sur la région correspondante de la cristalloïde postérieure (1). »

La lentille cristalline ne forme pas une masse unique et homogène; elle est au contraire, constituée par un certain nombre de noyaux laissant entre eux, en avant, un vide en forme d'étoile à trois branches également espacées, et, en arrière, un vide semblable, mais dont les branches alternent avec celles de l'étoile antérieure. Entre ces différents noyaux, il n'existe point de fibres, mais simplement une matière amorphe : cette disposition rend compte de la fragmentation si régulière du cristallin dans les cas — surtout fréquents chez le chien — de cataracte dite *étoilée*.

Pendant la vie fœtale, la capsule cristalline est pourvue d'un réseau capillaire très développé, fourni en partie par les vaisseaux de l'iris, et en partie par l'artère dite *hyaloïdienne*. Celle-ci émanant de l'artère centrale de la rétine, traverse le corps vitré d'arrière en avant et aborde le cristallin par sa face postérieure. Au moment de la naissance, cette artère, ainsi que toute circulation apparente de la capsule, a déjà et depuis longtemps disparu.

Il est à présumer que pendant la vie extra-utérine, les matériaux nutritifs du cristallin lui sont fournis par les vaisseaux du corps ciliaire. On ne saurait admettre, en raison des processus inflammatoires dont la capsule peut être le siège, qu'il n'y ait que de simples échanges nutritifs par voie d'endosmose entre le cristallin, d'une part, le corps vitré ainsi que l'humeur aqueuse, d'autre part.

Le cristallin, par les changements de forme et, peut-être, de position qu'il est susceptible de présenter — lesquels se combinent avec d'autres qui

_______________

(1) Frey. *Traité d'histologie.*

se produisent simultanément dans les diamètres oculaires, — joue un grand rôle dans le phénomène de l'accommodation. Extrait de l'œil et soustrait à toute influence, cet organe diminue dans le sens transversal, et augmente d'avant en arrière : c'est-à-dire qu'il tend de lui-même et en vertu de sa propre élasticité, à se rapprocher de la forme sphérique. Dans la vision des objets situés à une faible distance, les fibres circulaires du muscle ciliaire doivent certainement contribuer à augmenter ce résultat, en même temps que par leurs contractions, elles diminuent le diamètre transverse du globe oculaire, augmentent son diamètre ou axe antéro-postérieur, et, finalement, éloignent le tapis de la lentille.

Par contre, lorsque les fibres rayonnées de ce même muscle entrent en action, elles doivent produire le résultat complexe suivant : 1° le cristallin se trouve reporté en arrière ; 2° son diamètre transversal est augmenté aux dépens du diamètre antéro-postérieur ; 3° l'axe oculaire est raccourci, ce qui rapproche de la lentille à la fois le tapis et la cornée ; — résultat dont le but final est l'accommodation de l'œil à la vision des objets éloignés.

**Compartiment postérieur de l'œil ou chambre hyaloïdienne ; corps vitré.**

Le *compartiment postérieur* que l'on pourrait avec avantage appeler *chambre hyaloïdienne*, et que nous désignerons quelquefois sous ce nom, a, comme l'on sait, pour paroi interne la rétine, dont le tissu délicat est partout superposé à la membrane uvéale. Entre les deux membranes, et se rattachant soit à l'une, soit à l'autre, existe la couche épithéliale pavimenteuse qui, de même que celle des chambres antérieure et postérieure, fait de la chambre hyaloïdienne une véritable cavité séreuse.

Cette chambre est remplie par un corps particulier, sorte de gelée incolore et d'une transparence parfaite, qui tient le milieu pour la consistance entre l'humeur aqueuse et le cristallin : c'est l'*humeur vitrée*, le *corps vitré*. Lorsqu'on l'incise, on voit s'écouler une petite quantité de liquide, sans que pour cela la masse puisse sortir en totalité : on en avait déduit l'existence d'une membrane cloisonnée dont les seules loges intéressées laissaient échapper leur contenu. Cette idée a été abandonnée ; une membrane mince, très délicate et sans structure, nommée la *membrane hyaloïde*, entoure le corps vitré et s'applique sur la rétine ainsi que sur la cristalloïde postérieure à laquelle elle se trouve intimement soudée. Cette membrane qui contribue à la formation de la zone de *Zinn*, n'envoie point de prolongements dans le corps vitré auquel sa structure seule — analogue à celle du tissu muqueux le plus simple — donne sa consistance spéciale : on ne rencontre, en effet, dans sa composition, qu'une substance amorphe fondamentale, et quelques cellules de formes variées.

Le corps vitré ne contient point de vaisseaux : on admet que les procès ciliaires lui fournissent les éléments de sa nutrition, et l'on hésite à croire qu'il tire ceux-ci de la choroïde à travers le tissu délicat de la rétine. Cependant, comme il peut être parfois envahi par des exsudations plastiques qui ont cette origine, je n'hésite pas à croire que les substances nutritives peuvent, elles aussi — au moins en partie — provenir de cette source.

Le corps vitré et l'humeur aqueuse ont des indices de réfraction à peu près identiques ; toutefois, ces indices sont inférieurs à celui du cristallin.

### Tension oculaire.

Le globe de l'œil, constitué par les différentes membranes et par les milieux dont nous venons de rappeler les principales dispositions, présente un degré particulier de tension — intermédiaire entre la mollesse et la dureté — qui est nécessaire au bon fonctionnement de l'organe. On apprécie ce degré de tension en pressant légèrement, de la pulpe de l'index, le globe recouvert par la paupière supérieure. L'habitude permet de distinguer assez facilement l'état pathologique de l'état normal ; du reste, on a la ressource d'examiner comparativement les deux yeux dont, le plus souvent, un seul est malade ou plus gravement atteint.

### Aspect de l'œil sain.

Sans entrer dans le détail des méthodes d'exploration que, pour l'instant, je supposerai connues, je rappellerai que les paupières doivent se montrer également ouvertes, et les globes également proéminents, sans excès de volume comme sans atrophie. La sclérotique est exempte de bosselures et présente une coloration blanc-grisâtre ou bleuâtre ; à travers la conjonctive, on n'aperçoit dans le tissu de l'épisclère que de rares vaisseaux très déliés. La *cornée* n'est pas trop bombée et sa périphérie se montre régulière ; sa limpidité parfaite, ainsi que celle de *l'humeur aqueuse*, permet de voir très nettement la face antérieure de *l'iris* qui se montre unie, légèrement convexe, et d'une nuance brunâtre, susceptible de varier — comme intensité — dans de légères limites selon les sujets. Naturellement, les yeux *vairons* font exception. La *pupille* bien placée au centre de l'iris, est d'une forme régulière ; les *fongus* ou *grains de suie* ne sont pas trop développés ; ses bords sont exempts de franges, de déchirures, de flocons grisâtres, d'adhérences ; ses dimensions se montrent en rapport avec l'intensité lumineuse du moment et du local ; les mouvements commandés par les variations de lumière, s'effectuent avec régularité et promptitude : ceux qui se produisent sans motifs suffisants sont suspects. Le *cristallin* se montre exempt d'opacités, de marbrures, de stries étoilées. On ne voit point de filaments flottants au-delà de la *cristalloïde* postérieure ; le *fond* de l'œil apparaît d'un noir velouté, sans reflet plus ou moins brillant, blanchâtre, jaunâtre ou verdâtre.

Si, poussant plus loin l'examen, on a recours à l'ophthalmoscope : le *cristallin* et le *corps vitré* se montrent d'une transparence parfaite, et permettent de voir les magnifiques nuances du *tapis* qui doit être exempt de taches ou lacunes ; on voit également de la façon la plus nette la papille et l'auréole des vaisseaux rétiniens. La richesse vasculaire de la choroïde, masquée par la couche des cellules pigmentaires, se révèle à peine par une nuance rouge-brun très sombre.

*Différences.* — L'œil du bœuf comparé à celui du cheval, est beaucoup plus petit : tandis que chez les animaux de taille moyenne appartenant à la deuxième espèce, le globe oculaire privé de ses organes annexes, pèse de cinquante à soixante grammes, le même organe du bœuf ne pèse que de vingt-cinq à trente-cinq grammes. J'ai déjà indiqué la disposition des vaisseaux de la rétine qui sont remarquablement développés ; j'ajoute que la papille, au lieu de se détacher vigoureusement, comme chez le cheval, sous la forme d'une plaque rosée ou rouge-orange, irrégulièrement elliptique, se montre légèrement bordée et se distingue à grand'peine du fond sombre de la choroïde.

Nous savons que chez le mouton, la cornée présente quelques vaisseaux très apparents ; la nuance de l'iris offre plus de variétés et se montre en général plus claire ; la papille est belle, grande, irrégulièrement triangulaire et de couleur rose-clair ; les vaisseaux rétiniens affectent la même disposition rayonnée que chez le bœuf, et sont aussi très facilement appréciables.

Sauf les vaisseaux cornéens, l'œil du chien présente les mêmes particularités que celui du mouton ; de plus, on sait que la pupille est, comme chez l'homme, parfaitement circulaire.

### B) — *Anatomie et physiologie pathologiques.*

Avant d'aborder la description des maladies propres à chaque membrane et à chaque milieu de l'œil, il me paraît utile de faire connaître les diverses lésions matérielles ou fonctionnelles, qui, soit rapidement, soit avec le concours du temps, peuvent se produire sur ces membranes et milieux : de cette façon, chaque symptôme pourra recevoir plus aisément son interprétation, et le diagnostic s'en trouvera simplifié et facilité.

#### Cornée transparente.

Cette membrane peut perdre sa transparence, ainsi que le poli brillant de sa surface ; elle peut s'ulcérer, se vasculariser, se colorer ; elle peut prendre à sa périphérie les caractères de la sclérotique, et perdre plus ou moins la régularité de son contour ; elle peut éprouver des modifications dans sa courbure ; elle peut se dédoubler ; elle peut contracter des adhérences avec l'iris ; elle peut enfin s'atrophier plus ou moins complètement.

*A*). — Plusieurs causes peuvent faire perdre à la cornée sa transparence, soit momentanément soit d'une façon définitive ; l'opacité est elle-même plus ou moins complète, et occupe une partie seulement ou la totalité de la membrane. Souvent, c'est un simple œdème qui se forme à la périphérie cornéenne, dans le tissu conjonctif qui sépare la muqueuse oculaire et sa continuation — la membrane de Bowmann — de la couche moyenne ou tissu propre. D'autres fois, sous l'influence de l'inflammation, les éléments cellulaires de la cornée prolifèrent activement ; des globules blancs peuvent aussi s'échapper par diapédèse des vaisseaux voisins : toutes ces cellules en s'accumulant dans les espaces et les canalicules cornéens donnent lieu à des opacités plus ou moins complètes et étendues ; elles peuvent subir sur place des modifications diverses, et, par la suite se résorber et disparaître, ou au contraire, s'organiser et donner lieu à des opacités persistantes ; elles sont également susceptibles de gagner peu à peu les parties déclives de la cornée où elles forment un dépôt en forme de croissant blanchâtre à concavité supérieure, auquel on donne le nom d'*onyx* ou *onguis*.

L'onyx disparaît généralement par résorption ; toutefois, dans certains cas d'inflammation vive, les globules blancs constituent par leur réunion un véritable abcès, qui, le plus ordinairement s'ouvre dans la chambre antérieure et y verse son contenu. Il pourrait aussi, dit-on, s'ouvrir à l'extérieur : ce qui me semble très admissible.

Toutes les solutions de continuité quelque peu contuses, ou par déchirure, ou de nature ulcéreuse de la cornée, — en en exceptant toutefois celles qui n'intéressent que la couche épithéliale, — se cicatrisent par deuxième intention : un tissu fibreux se forme qui, ne présentant pas l'organisation de la cornée, n'en a pas la transparence ; aussi ces plaies

sont-elles suivies d'une tache blanche, opaque et in-
délébile.

On a vu des taches également opaques et persistantes, succéder à des lésions très superficielles de
la cornée après l'usage de l'eau blanche en lotions ;
il se produit un précipité blanc de sels plombiques
qui se recouvre d'une couche épithéliale, et constitue par la suite un véritable tatouage très difficile à
faire disparaître.

L'augmentation de la tension oculaire contribue
à obscurcir la cornée ; ce que l'on peut expliquer par
les changements qui se produisent dans l'indice de
réfraction de ses parties constituantes, plus ou moins
accessibles aux effets de la compression. Les ophthalmologistes signalent une opacité cornéenne due à la
diminution subite de la tension intra-oculaire : à
l'éclairage atéral, on aperçoit de fines stries parallèles qui résultent du plissement de la membrane de
Descemet, moins élastique que le tissu propre.

*B*). – La cornée peut perdre le poli brillant de sa surface : sans compter les éraillures de la couche épithéliale que peut produire le traumatisme le plus
léger, on voit dans certaines maladies la cornée se
montrer rugueuse, irrégulière, et parfois comme tail-
lée à facettes. Cette lésion destructive toute superficielle est loin d'être isolée ; elle coïncide souvent avec
une perte plus ou moins complète de la sensibilité
de la membrane transparente, et une augmentation
de la tension intra-oculaire ; elle indique un trouble
nutritif qui a lui-même son point de départ dans une
lésion des nerfs ciliaires.

*C*). — La cornée peut être le siège d'ulcérations
plus profondes et même pénétrantes ; parmi nos
animaux domestiques, le chien présente presque
exclusivement cette lésion dont il est parfois assez

difficile d'expliquer la formation, et qui coïncide le plus souvent, — sinon toujours, avec la maladie du jeune âge. Nous avons vu que la cicatrisation de l'ulcère cornéen est constamment suivie d'une opacité persistante.

*D*). — Dans tous les cas d'inflammation primitive ou secondaire de la cornée, on voit apparaître un réseau vasculaire plus ou moins riche, qui, du reste, est loin d'occuper toujours le même plan et d'affecter la même disposition. Au point de vue du diagnostic, il est important d'être fixé sur la situation de ce réseau, car on se souvient que si la cornée tire la plus grande partie de ses éléments de nutrition des vaisseaux de l'épisclère, elle entretient aussi d'étroites relations avec la conjonctive, la sclérotique et le corps ciliaire: aussi peut-on voir, en réalité, se développer quatre plans de vaisseaux dans l'épaisseur de la membrane transparente.

Le premier plan, — le plus superficiel, — est formé de vaisseaux peu nombreux, souvent longs, déliés, flexueux, qui continuent *visiblement* ceux de la conjonctive, et existent souvent en même temps qu'un léger œdème du pourtour de la cornée. J'ai vu quelquefois chez le chien la disposition suivante des vaisseaux de la conjonctive: s'avançant en rangs serrés jusque près de la circonférence cornéenne, ils s'incurvent subitement en anses et se reportent d'avant en arrière ; l'ensemble de ces anses anastomosées entre elles, forme en définitive une riche injection véritablement *péri-kératique*.

Le deuxième plan vasculaire de la cornée coïncide avec l'injection des vaisseaux de l'épisclère que l'on *voit* se prolonger dans l'épaisseur de la membrane transparente. Ces vaisseaux cornéens sont très nombreux, assez déliés, rectilignes et se dirigent comme

autant de rayons du côté du centre ; toutefois, ils
s'éloignent peu de la circonférence, et constituent
par leur ensemble un anneau ou couronne rougeâtre
dont la largeur varie de un à deux millimètres, chez
le chien, et de cinq à six chez le cheval. A leur extrémité centrale, ils présentent de nombreuses et fines
ramifications.

Les vaisseaux du troisième plan s'observent plus
rarement que les précédents et sont d'un calibre
beaucoup plus considérable ; comme eux, ils s'avancent du côté du centre de la cornée, mais ils n'apparaissent qu'au point où finit la sclérotique : il serait
donc impossible de les suivre à la surface de cette
dernière membrane. Ces vaisseaux sont quelquefois
clair-semés et d'une assez grande longueur ; mais
souvent leur réunion forme également à la périphérie cornéenne un anneau de cinq à six millimètres de largeur d'un rouge si intense, surtout en bas, qu'on pourrait croire à un épanchement sanguin ou *hypohéma* dans la chambre antérieure.

Ces vaisseaux qu'il est impossible de suivre au-delà
du bord libre de la sclérotique, doivent évidemment
sortir de sa propre épaisseur, ou être fournis par
le corps ciliaire. La richesse vasculaire de ce dernier permet de considérer leur apparition en grand
nombre comme un des signes de son inflammation.

Lorsque, au contraire, ces vaisseaux se montrent
rares et éloignés les uns des autres, j'incline à croire
qu'ils se rapportent à l'inflammation de la sclérotique : telle est du moins l'impression qui m'est restée de l'examen nécropsique des yeux d'un chien sur
lesquels j'avais, peu de jours auparavant, constaté
cette vascularisation particulière de la cornée.

Enfin, il existe parfois, pour toute lésion sur la
cornée, quelques rares vaisseaux profondément si-

tués et rendus bien visibles par un hypopion de la chambre antérieure qui s'est manifesté tout à coup : dans ce cas, le tissu conjonctif de l'espace supra-choroïdien devant se trouver plus ou moins directement intéressé, il y a lieu de croire que les vaisseaux cornéens dont il s'agit ne sont que la prolongation des siens propres.

Il est presque inutile de dire que si ces différents plans vasculaires peuvent se montrer à l'état isolé, on peut aussi les observer ensemble et diversement combinés : j'ai vu surtout très nettement coexister le premier et le second, ainsi que le premier et le troisième.

*E*). — La cornée, normalement incolore, est susceptible de présenter des nuances variées ; indépendamment des teintes *grisâtre*, *bleuâtre*, *ardoisée*, *opalescente* ou plus ou moins *laiteuse*, etc., que lui communiquent les différentes opacités passagères ou persistantes dont elle peut être le siège, je tiens particulièrement à signaler la couleur *verdâtre* qui coïncide avec la conservation de la transparence. J'ai observé très fréquemment cette coloration, soit dès le début ou au déclin des affections aiguës, soit sur des yeux ne présentant que des lésions fort anciennes. On se souvient peut-être que dans une autopsie, M. Chuchu a trouvé dans les mailles de la cornée un liquide de couleur jaunâtre (1) : je n'ai jamais eu l'occasion de voir quelque chose de semblable. En ophthalmologie humaine où depuis longtemps cette coloration a été signalée par Velpeau, on l'attribue généralement à un gonflement et à une infiltration granulo-graisseuse des éléments du tissu cornéen. Quoi qu'il en soit, lorsque la couleur verdâtre apparaît dans le cours de certaines kératites, elle est sus-

______

(1) *Voir ci-dessus*, page 50.

ceptible de se dissiper rapidement, comme aussi elle peut persister pendant des semaines, pendant des mois, et peut-être indéfiniment. J'incline à croire que cette même nuance peut, dans certains cas, se développer lentement, sous l'influence des modifications que l'âge détermine dans la circulation oculaire; nous verrons qu'elle peut s'observer sur tous les milieux transparents, sans exception.

Toute coloration de la cornée lui laissant sa transparence, doit fatalement modifier pour l'observateur la nuance des organes, des milieux et même des exsudats situés en arrière; et c'est en effet ce qui arrive. La couleur foncée de l'iris normal ne paraît pas subir de modification sensible; mais lorsque sous l'influence de l'inflammation, cette membrane devient jaunâtre, l'observateur la voit *jaune verdâtre* ou couleur *feuille-morte*. Le cristallin et le corps vitré paraissent verdâtres quoique étant incolores, lorsqu'ils sont vus à travers la cornée qui ne laisse passer que les rayons de cette couleur; mais j'ai déjà dit qu'ils peuvent posséder eux-mêmes cette nuance. Les exsudats divers varient du blanchâtre au jaunâtre, et lorsque la cornée est saine, on les voit ainsi. La vitre oculaire est-elle verdâtre? les exsudats nous paraissent de couleur feuille-morte.

J'ai rencontré, sur certains yeux atrophiés, la cornée parfaitement transparente avec une couleur vert-jaunâtre ou d'un jaune d'ambre.

*F).* — La cornée peut être à proprement parler envahie par la sclérotique, c'est-à-dire qu'elle subit à sa périphérie des transformations telles que le limbe scléro-cornéen se trouve reporté en avant. Il est aisé, sur l'œil du cadavre, de se rendre compte de ce phénomène au moyen du repère fourni par l'anneau tendineux du muscle ciliaire, ainsi que par la grande circonférence de l'iris; on peut aussi, dans quelques circonstances, le constater sur l'animal vivant, attendu que l'ovale cornéen perd souvent sa régularité et peut être amené à une forme polygonale ou losangique. Cette transformation me paraît avoir son point de départ dans une inflammation de la sclérotique propagée à la cornée. Sœmisch parle d'une *kératite sclérotisante* (1), dont je ne connais malheureusement que le nom : en tous cas, ce dernier me paraît convenir absolument à la transformation péri-cornéenne que je viens de signaler.

*G).*— Mais ce n'est pas seulement dans quelques-uns des cas où la cornée est envahie par la sclérotique qu'elle peut perdre la régularité de son contour : les plaies pénétrantes peuvent être suivies du même résultat en raison de la rétraction du tissu cicatriciel. Dans l'atrophie de l'œil avec rétraction inégale de la sclérotique, la circonférence cornéenne se montre sinueuse.

*H).* — Sous l'influence de causes diverses, notamment l'affaiblissement de ses parois, le resserrement de l'ouverture scléroticale, une forte poussée intérieure, etc., la cornée peut se montrer plus bombée, et plus ou moins staphylomateuse. Par contre, l'atrophie des milieux et les adhérences morbides amènent l'aplatissement de la cornée ou rendent sa surface sinueuse, irrégulière.

*I).* — La membrane transparente peut se dédoubler : c'est-à-dire qu'une séparation complète, sauf à la périphérie, peut s'opérer entre le tissu propre et la membrane de Descemet qui forme comme une deuxième cornée plus mince que la superficielle. Entre les deux, on ne trouve que quelques gouttes d'un liquide aqueux plus ou moins incolore.

---

(1) *Dictionn. encyclopéd.* Cornée par M. Gayet.

J'ai constaté cette intéressante particularité dans l'œil d'un âne, atteint de graves lésions, mais avec conservation du volume. Je l'ai rencontrée plus souvent dans les yeux phthisiques dont la cornée était atrophiée ; mais alors la membrane de Descemet se montrait d'autant plus plissée et comme chiffonnée que les dimensions de la cornée étaient plus réduites.

Comment expliquer cette séparation? Si elle ne se rencontrait que sur des yeux atrophiés, on la comprendrait par l'impossibilité où se trouve la membrane *ankiste* de suivre le tissu propre dans son retrait, attendu son incapacité à subir les mêmes modifications régressives. Mais cette explication est insuffisante du moment que la séparation peut avoir lieu sans atrophie de la cornée, comme sans plissement de la membrane de Descemet: on est forcé de faire intervenir une sécrétion séreuse analogue à celle qui soulève l'épiderme et le sépare du derme irrité.

*J*). — La cornée peut contracter des adhérences avec l'iris : les unes sont consécutives au traumatisme et peuvent s'observer indistinctement sur tous les points de ces membranes ; les autres résultent d'exsudats qui s'étant organisés en tissu fibreux constituent de solides attaches.

Je n'ai rencontré ces dernières qu'à la périphérie des membranes en question ; jamais je ne les ai vues occuper une surface limitée en-deçà du limbe scléro-cornéen. Le plus souvent, l'adhérence n'existe qu'à la partie inférieure; puis, viennent les cas où elle occupe la presque totalité de l'angle irido-cornéen : alors il est rare qu'elle soit partout continue à elle-même; elle se décompose plutôt en plusieurs adhérences partielles indiquant un égal nombre d'exsu-

dats qui se sont formés sur place, — peut-être au
même instant, et non, comme on l'a dit, des dépôts
ou précipités consécutifs à un trouble général de
l'humeur aqueuse, car ces derniers ne pourraient se
former dans les parties supérieures.

Quelquefois les exsudats au lieu de souder les surfaces en rapport, s'organisent en tractus ou corda-
ges déliés et les unissent à distance. Enfin, j'ai rencontré dans la phthisie oculaire plus ou moins avancée, une adhérence complète de l'iris à la cornée,
par suite de la disparition de la chambre antérieure.
Dans ces cas assez rares, l'adhérence résulte simplement du contact prolongé, sans avoir été préparée
par des exsudations pseudo-membraneuses.

*K*). — La cornée, comme toutes les parties de l'œil,
peut s'atrophier plus ou moins complètement : c'est
là un phénomène qui s'explique très bien par la compression des nerfs ciliaires et l'oblitération progressive des vaisseaux de même nom. Nous aurons à
rechercher et à indiquer l'origine de cette compression et de cette oblitération.

### Sclérotique.

La sclérotique est susceptible de se laisser dis-
tendre et amincir ; le plus souvent elle présente une
augmentation d'épaisseur qui coïncide avec l'amoindrissement de l'œil ; enfin la surface de la sclérotique qui donne sa forme au globe oculaire, peut
cesser d'être régulière pour se montrer mamelonnée.

*A*). — D'après sa structure presque exclusivement
fibreuse, la sclérotique doit peu se prêter à la dilatation sous l'influence d'un excès de pression intérieure.
Cependant ce fait s'observe quelquefois : je l'ai constaté chez un jeune chien du Saint-Bernard dont l'œil
avait assez rapidement acquis des dimensions con-

sidérables, en même temps qu'il présentait la dureté d'une bille de marbre. J'ai vu, et tout le monde a pu voir des chevaux dont, par suite d'un état maladif, les yeux s'étaient anormalement développés.

Chez le chien dont il vient d'être fait mention, la sclérotique m'a paru également amincie dans tous ses points ; il est probable — car je n'ai pas eu l'occasion de faire d'autopsies — que le même amincissement régulier se produit aussi chez le cheval.

Mais pour que la sclérotique puisse céder ainsi sous l'action d'une pression intérieure, il est nécessaire que celle-ci se développe lentement et qu'elle agisse d'une façon soutenue ; il faut encore que la sclérotique ne soit pas atteinte d'inflammation ; en effet, cette membrane étant de nature fibreuse, on ne sera pas surpris qu'elle soit susceptible de présenter sous l'influence de l'inflammation les mêmes phénomènes que les organes dont la constitution anatomique est semblable.

*B).* — Mieux que personne, les vétérinaires savent que les tendons sont susceptibles d'augmenter de volume en diminuant de longueur sous l'influence des deux causes suivantes : 1° l'inflammation ; 2° le relâchement permanent qui laisse toute liberté de contraction aux fibres conjonctives élastiques. On n'ignore pas non plus que les faisceaux fibreux du tendon perdent leur direction rectiligne, pour devenir ondulés ou crépés, ce qui suffit à expliquer l'augmentation de volume de l'organe, lorsque la rétraction se fait sans inflammation. Mais, dans les cas où cette dernière existe, il faut faire entrer en ligne de compte la transformation fibreuse et la rétraction du tissu embryonnaire, qui résulte de la prolifération des éléments cellulaires du tissu conjonctif inter-fibrillaire et inter-fasciculaire.

Or, ce sont là précisément les phénomènes dont la sclérotique peut devenir le siège : cette membrane présente, en effet, très souvent une augmentation d'épaisseur en même temps qu'une diminution de surface. Toutefois, ces deux lésions sont loin d'être toujours rigoureusement proportionnées.

L'augmentation d'épaisseur peut exister partout, comme elle peut aussi se localiser sur certaines zones, notamment au pôle postérieur, autour du nerf optique ; ou bien à la région ciliaire, dans le voisinage de la cornée ; elle peut également se présenter sur d'autres surfaces disséminées qui, souvent, ne sont pas les mêmes sur les deux yeux. Lors même que la membrane fibreuse est atteinte d'un épaississement général, la lésion présente des degrés, et c'est presque toujours en avant et en arrière qu'elle arrive à son maximum.

Cette épaisseur anormale atteint parfois, et arrive même à dépasser *quatre* millimètres ; et comme elle n'est pas toujours en rapport avec la rétraction de la sclérotique, il faut bien admettre qu'elle peut se manifester sous l'empire des deux causes précédemment indiquées : *l'inflammation* qui produit la rétraction que j'appellerai *active*, *et la diminution de pression intérieure* qui amène une rétraction plutôt *passive*. Je pense que la seconde est toujours consécutive à la première. Dans bien des cas, celle-ci ouvre la marche des phénomènes morbides ; souvent aussi l'inflammation de la sclérotique n'est que consécutive à celle de la cornée ou de la membrane uvéale, — ce qui se comprend très bien puisque ce sont les artères ciliaires, tant antérieures que postérieures qui fournissent les vaisseaux nutritifs de la coque fibreuse ; c'est aussi pour cette raison que l'inflammation se porte de préférence au pôle posté-

rieur et à la zone ciliaire par où pénètrent dans l'œil
ces différents groupes de vaisseaux.

Lorsque l'inflammation se manifeste sur la zone
ciliaire, — *sclérite antérieure* — la rétraction consécutive de la sclérotique amène fatalement la compression — qui pourra aller jusqu'à l'oblitération complète — des vaisseaux ciliaires antérieurs : d'où
l'atrophie de l'iris, du corps ciliaire ainsi que de la
cornée, entraînant à sa suite la diminution ou l'altération de l'humeur aqueuse. Lorsque l'inflammation
se porte sur le pôle postérieur, — *sclérite postérieure*
— ce sont les nerfs ciliaires et les artères ciliaires
postérieures qui subissent les effets de la compression : il en résultera dans un délai plus ou moins
rapproché la paralysie de l'iris et la perte de la faculté d'accommodation; puis l'atrophie de la choroïde
qui entraînera fatalement celle des couches externes
de la rétine, en même temps que l'atrophie ou une
dégénérescence du corps vitré.

L'inflammation du pôle postérieur de la sclérotique
peut agir encore d'une façon plus directe sur la rétine et consécutivement sur le nerf optique, en étran-
glant progressivement celui-ci à son passage à
travers la lame criblée ; ce sont les veines rétiniennes
qui ressentent d'abord les effets de la compression,
— d'où un œdème, puis une congestion passive de la
membrane nerveuse, auxquels succèdera bientôt l'a-
némie lorsque les artères seront comprimées à leur
tour. Dès que la rétine sera atrophiée, le nerf optique
devenu inutile ne tardera pas à dégénérer et à s'a-
trophier à son tour, car il ne diffère pas sous ce rapport des autres nerfs conducteurs.

Nous savons que les veines vorticineuses traversent la sclérotique un peu en arrière de l'équateur
bulbaire : ne peut-on pas admettre, en attendant que
des autopsies viennent confirmer cette hypothèse très

vraisemblable, que, dans certains cas, ces veines sont comprimées par suite de l'inflammation isolée de la sclérotique équatoriale ?— Le résultat est facile à prévoir (1) : le sang artériel continuant à pénétrer sans obstacle, la tension oculaire augmentera ; et comme celle-ci agit d'une façon incessante, les conditions se trouveront réalisées pour que la sclérotique cède peu à peu dans les points non malades, et pour que l'œil augmente de volume.

Tel est le résultat produit par l'inflammation de la sclérotique, lorsque son action s'exerce indirectement, il est vrai, mais d'une façon très réelle sur les veines. Agissant sur les artères, elle prive l'œil d'une partie ou de la presque totalité de son fluide nutritif, ce qui amène fatalement l'atrophie, la *phthisie* : c'est alors que la sclérotique n'étant plus soutenue par une pression suffisante, cède peu à peu à la rétraction que j'ai appelée *passive*. Et c'est ainsi que j'ai pu dire que cette rétraction est toujours consécutive à celle que détermine l'inflammation.

Si l'on admet que la *sclérotite* soit générale — et ce n'est pas une simple hypothèse — ces différents phénomènes pourront s'observer et se succèderont dans l'ordre suivant : en premier lieu, la tension oculaire augmentera fatalement sous l'action simultanée de la rétraction *active* de la sclérotique et de la compression plus fortement ressentie par les veines que par les artères ; plus tard la compression gagnant les artères à leur tour, on verra la phthisie envahir l'œil, et la sclérotique, tout d'abord distendue, ne tardera pas à se plisser, à se ratatiner.

Toutefois, je dois dire que dans les cas d'inflammation isolée ou *essentielle* de la sclérotique, les dé-

---

(1) D'après le docteur Nuel, la ligature des veines vorticineuses fait monter la tension oculaire au-delà du double de ce qu'elle est normalement (*Dict. encyclopédique* etc. : ŒIL.)

sordres vont rarement, — ne vont peut-être jamais jusqu'à la phthisie : en effet, lorsque celle-ci existe, on trouve toujours avec les lésions de la sclérite, celles d'une choroïdite plus ou moins étendue.

On peut juger, par ce qui précède, de l'importance considérable que j'attribue à l'inflammation de la sclérotique ; et si une chose doit surprendre, c'est que cette importance qui, au dire de Vidal (de Cassis), aurait frappé les ophthalmologistes allemands (1), soit absolument méconnue par les auteurs français que j'ai pu consulter, et même déniée par l'un d'entre eux : M. Gayet. Ce dernier, en effet, repousse l'opinion de Cusco qui attribue le glaucome à la compression des vaisseaux par la sclérotique enflammée (2).

Mais quelle que soit l'opinion des médecins à cet égard, une chose est bien certaine : c'est que jamais l'attention des vétérinaires français n'a été attirée sur ce point ; et si j'en crois les articles consacrés par Zundel aux affections des yeux (3), il en serait de même à l'étranger : en effet, dans sa note bibliographique, cet auteur cite plusieurs ouvrages anglais, autrichiens ou allemands dont il a dû s'inspirer, et ce qu'il dit de la *sclérite* se réduit à très peu de chose.

C). — La surface de la sclérotique peut cesser d'être régulière pour se montrer mamelonnée. J'ai vu très fréquemment cette lésion coïncider avec l'atrophie de l'œil ; mais elle peut aussi se montrer en même temps que l'augmentation de volume. En lisant les descriptions que font les ophthalmologistes des *staphylômes* de la sclérotique, on doit croire à une dilatation — une *ectasie* — par suite de l'affaiblissement qui résulterait de l'inflammation : on sait que

---

(1) *Loc. cit ;* SCLÉROTITE.

(2) *Dictionn. encyclop.* : SCLÉROTIQUE.

(3) *D'Arboval,* nouvelle édition.

pour moi, au contraire, l'inflammation a pour résultat de renforcer la coque fibreuse. Dans l'atrophie, ces sortes de dilatation seraient entièrement *relatives*, et la sclérotique y aurait conservé son épaisseur : en d'autres termes, la sclérotique *semble* s'être dilatée dans ces points parce que les surfaces voisines — qui, elles, ont été le siège du processus inflammatoire — se sont resserrées et épaissies.

Lorsqu'il y a augmentation du volume de l'œil, la sclérotique peut bien avoir cédé partiellement ; mais, à coup sûr, ce n'est pas dans les points dont l'inflammation s'était emparée.

### Vaisseaux de l'épisclère.

Ces vaisseaux, à peu près invisibles lorsqu'ils ont leur diamètre normal, sont susceptibles dans certains cas de prendre un grand développement. Nous avons vu qu'ils peuvent même venir former, par leur prolongement sur la partie superficielle de la périphérie cornéenne, un anneau très remarquable. La transparence de la conjonctive permet très bien de juger de l'état de distension de ces vaisseaux ; de même que leur indépendance de la muqueuse qui ne saurait les entraîner dans ses déplacements, ne permet pas de les confondre avec les siens propres.

Le développement des vaisseaux épiscléraux est souvent l'indice d'un embarras dans la circulation de l'iris ou du corps ciliaire ; c'est donc, selon les cas, un symptôme d'inflammation aiguë ou chronique de ces organes. Cependant, elle peut aussi coïncider simplement avec l'augmentation de la tension oculaire qui rend plus difficile la pénétration du sang artériel, et devient une cause de dilatation anévrysmale. Enfin, la rétraction de la sclérotique au point de pénétration de la branche *perforante* des artères ciliaires antérieures, doit produire le même résultat.

**Iris et ouverture pupillaire.**

La couleur de l'iris peut être modifiée ; cette membrane peut se couvrir d'exsudats qui souvent donnent lieu à des adhérences avec les organes voisins ; la pupille peut présenter des dimensions anormales et se montrer plus ou moins paresseuse, ou même complètement immobile ; elle peut subir des déformations ; elle est même susceptible de se déplacer ; la surface de l'iris peut apparaître plissée, mamelonnée, inégale ; cette membrane peut, par sa partie centrale, se porter soit en avant, soit en arrière ; elle peut se montrer flottante ; enfin, elle peut s'atrophier, comme elle est susceptible d'augmenter en superficie.

*A).* — Dans le cas de congestion de l'iris, sa surface antérieure peut se montrer rougeâtre ; quelquefois cette nuance est localisée sur les bords de l'ouverture pupillaire. Mais le changement de couleur le plus remarquable et le plus fréquent qui puisse se produire sous l'influence de l'inflammation, est bien celui qui fait apparaître *jaunâtre* l'iris brun du cheval : naturellement, lorsque la cornée est elle-même verdâtre, le jaune devient *feuille-morte*.

Cette nuance n'est pas toujours très appréciable, et son intensité se montre proportionnée à celle de l'inflammation. Je ne l'ai jamais observée sur toute la surface de l'iris ; le plus souvent, elle est bornée, soit à la moitié inférieure, soit à la région inférieure-externe. On l'attribue — MM. Hocquart et Bernard sont de ce nombre — à une couche exsudative de la surface antérieure du diaphragme oculaire : je suis bien — et je ne tarderai pas à en parler — que de semblables exsudats peuvent se produire ; mais comme ils sont vus à travers la lentille cornéenne, ils paraissent remplir complètement l'espace compris entre l'iris et la cornée. Dans le cas d'existence de la coloration qui nous occupe, la chambre antérieure semble, au contraire, avoir conservé sa profondeur ; parfois même, la surface jaunâtre ou jaune-verdâtre de l'iris est déprimée ou manifestement concave, notamment à la zone excentrique où cette membrane, comme l'on sait, se confond avec le corps ciliaire.

Pour ces motifs, je ne saurais me rallier à l'opinion sus-dite ; mais comme je n'ai jamais disséqué d'iris dans cet état, j'en suis réduit aux conjectures, et je crois pouvoir attribuer la lésion de coloration à un infiltrat inflammatoire parenchymateux du corps ciliaire et de l'iris, qui, selon les cas, se résorbe et disparaît ; ou s'organise, se rétracte et détermine une sorte de sclérose des tissus intéressés.

La coïncidence fréquente de la couleur *feuille-morte* de l'iris avec les altérations du corps vitré, me paraît donner beaucoup de probabilité à cette supposition.

*B).* — L'iris peut se couvrir d'exsudats qui, souvent, donnent lieu à des adhérences avec les organes voisins. Leur couleur varie du blanc au jaune clair ; ils présentent aussi parfois quelques stries rougeâtres. La cornée devenue verte rend ces exsudats jaunes-verdâtres ou de couleur feuille-morte, tout en laissant apercevoir les stries sanguines lorsqu'elles existent.

Les productions dont il s'agit, absolument analogues aux fausses membranes des plèvres, sont formées comme elles d'un reticulum fibrineux emprisonnant un certain nombre de leucocytes. Elles peuvent apparaître sur la face antérieure comme sur la face postérieure de l'iris ou sur les bords de l'ouverture pupillaire.

Les exsudats de la face antérieure peuvent l'occuper en partie seulement ou en totalité. J'ai déjà parlé de ceux qui, se formant dans l'angle irido-cornéen, sont un produit de l'inflammation simultanée des deux membranes en présence : adhérant de part et d'autre à l'iris et à la cornée, ils finissent par les unir plus ou moins étroitement. D'autres exsudats partiels, n'intéressant que l'iris et dépourvus d'adhérences avec la cornée, peuvent aussi apparaître ; ils sont rares et ne s'observent guère qu'à la partie inférieure où ils simulent l'hypopion : leur complète fixité et leur persistance pendant des mois, sans modifications apparentes, peuvent servir à les distinguer des véritables dépôts de l'humeur aqueuse qui sont toujours plus ou moins mobiles, et se résorbent très vite.

Mais la face antérieure de l'iris peut être occupée en totalité par une couche pseudo-membraneuse qui ne laisse même plus apercevoir la pupille, et qui, à travers la cornée, semble formée de filaments superposés et entre-croisés. On croirait cette couche très épaisse, car elle paraît toucher la membrane de Descemet, et occuper, par conséquent, toute la chambre antérieure. Dans les yeux d'un cheval et ceux d'un chien qui, tous quatre, m'ont présenté cette lésion, j'ai pu voir que l'exsudat formait une couche continue dont l'épaisseur, uniforme chez la moindre, était égale à celle d'une feuille de parchemin, tandis qu'elle atteignait environ deux millimètres au milieu de la plus épaisse.

Cette couche exsudative se soulève assez facilement ; mais on peut constater qu'elle est unie à l'iris par des tractus qui produisent une sorte d'engrènement analogue à celui que l'on sait exister entre les fausses membranes et la plèvre enflammée.

Chose remarquable! l'iris se montre au-dessous avec sa couleur et toutes ses apparences normales.

Que devient cette fausse membrane, qu'il ne faut pas confondre avec les flocons plus ou moins mobiles au sein de l'humeur aqueuse, et absolument libres de toute adhérence?

Il m'est difficile de répondre à cette question, puisque les sujets sont morts sur lesquels j'ai observé la lésion dont il s'agit. Cependant on peut très légitimement admettre que la fausse membrane se comporte comme celles qui apparaissent dans l'angle irido-cornéen, ou en arrière de l'iris : c'est-à-dire qu'elle se vascularise et subit la transformation fibreuse. Il est vrai que chez les malades qu'il m'a été donné d'étudier, ainsi que dans les nombreuses autopsies que j'ai eu l'occasion de faire, je n'ai jamais rencontré de membrane fibreuse au-devant de la pupille : cela prouverait simplement que l'exsudat complet de la face antérieure de l'iris est rare, car il semble peu probable que cette fausse membrane puisse se dissoudre dans l'humeur aqueuse pour disparaître ensuite à la façon de l'hypopion. S'il en était ainsi, on ne s'expliquerait pas la persistance des autres exsudats adhérents.

Les phénomènes que nous venons de voir s'accomplir sur la face antérieure de l'iris, se présentent également, et sont même plus fréquents sur la face postérieure, ainsi que sur les bords de l'ouverture pupillaire. Il est digne de remarque que les exsudats différemment situés, auxquels peut donner lieu l'inflammation de l'iris, se produisent généralement d'une façon isolée : c'est-à-dire que cette membrane peut en présenter sur sa face antérieure seulement, — ainsi que je l'ai vu chez le chien et le cheval dont les iris étaient entièrement couverts d'une produc-

tion pseudo-membraneuse, — ou sur sa face postérieure, ou sur les bords de la pupille.

Les exsudats si fréquents de la face postérieure
de l'iris, n'occupent le plus souvent qu'une étendue
limitée, et se voient particulièrement en bas. Leur
présence est un signe de l'inflammation de l'iris et
du corps ciliaire, — quelquefois même de la zone
de Zinn et de la cristalloïde antérieure. Les différents
rapports signalés précédemment entre ces organes
permettent de comprendre comment ils peuvent être
atteints simultanément par l'inflammation. *Toujours*
ces exsudats deviennent le point de départ d'adhé-,
rences ou *synéchies* postérieures qui immobilisent plus
ou moins l'iris.

On signale dans l'œil humain la synéchie postérieure totale des bords de la petite circonférence
irienne, et on lui attribue l'hydropisie de la chambre
postérieure. Sans nier formellement la possibilité
de cette lésion chez le cheval, je dois dire que je ne
l'ai jamais rencontrée. Du reste, j'y crois peu, car
il est difficile d'admettre la coïncidence de l'exsudation du bord pupillaire et du centre de la capsule
cristalline, avec l'état sain des parties intermédiaires. En d'autres termes, je crois plutôt à la possibilité de la soudure de l'iris au corps ciliaire et au cristallin à partir du fond du cul-de-sac circulaire irido-
ciliaire, qu'à partir de la petite circonférence irienne :
en effet, si l'inflammation doit se propager de l'iris
au corps ciliaire, ou inversement, de celui-ci à l'iris,
la propagation se fera nécessairement par le cul-de-
sac dont il s'agit, — lequel constitue l'extrême limite
de la chambre postérieure.

Les exsudats des bords de la pupille peuvent en
occuper la totalité ; mais ils ne se remarquent le plus
souvent que sur un ou plusieurs points limités.
Lorsque ces derniers se correspondent, il en résulte

une soudure qui divise l'ouverture pupillaire ; si la production pseudo-membraneuse occupe la totalité de la circonférence pupillaire, la soudure sera complète.

Lorsque l'exsudat n'apparaît que sur un point, — c'est le plus souvent à la partie supérieure, — il constitue une petite masse dont l'extrémité libre flottant au sein de l'humeur aqueuse, n'a aucune tendance à se fixer sur le point opposé de la circonférence pupillaire.

*C).* — La pupille peut présenter des dimensions anormales et se montrer plus ou moins paresseuse, ou même complètement immobile ; elle peut subir des déformations ; elle est même susceptible de se déplacer. — Relativement aux dimensions, nous rencontrons des cas où la pupille est très resserrée, et d'autres où, au contraire, ses dimensions sont considérables. Nous avons vu que les bords de cette ouverture peuvent être soudés complètement, mais le resserrement est plus souvent un symptôme de *photophobie. L'ésérine* a également la propriété de le produire.

Les dimensions exagérées de la pupille, sans déformation, sont toujours un indice de la paralysie de l'iris, soit idiopathique, soit symptomatique : la première est amenée par les lésions des nerfs ciliaires ; la deuxième est la conséquence indirecte de la paralysie fonctionnelle de l'œil. On sait que l'*atropine* peut dilater la pupille à l'extrême. On observe quelquefois un état particulier qui n'est pas la paralysie, mais qui en annonce le début : la pupille ne se meut plus que lentement et par contractions saccadées et espacées.

Les déformations de la pupille, — à part celles qui sont dues au traumatisme ou à l'atrophie, — sont toujours le résultat d'adhérences partielles entre les bords, ou de synéchies postérieures. Ces adhérences diverses mettent obstacle à la liberté des mouvements de dilatation ou de resserrement, — des premiers surtout, car les adhérences se produisent presque toujours pendant que la pupille est resserrée. On peut observer les formes les plus variées, les plus inattendues : c'est ainsi que la pupille étant soudée vers son milieu, présentera dans la dilatation la forme d'un ∞ placé horizontalement, etc.

Mais la pupille n'est pas nécessairement déformée par les synéchies postérieures : il peut en résulter de simples déplacements qui ont lieu surtout de bas en haut, et quelquefois en même temps de dehors en dedans ou de dedans en dehors : cela dépend de la situation et de l'étendue de l'adhérence. Celle-ci fixe-t-elle la moitié inférieure de l'iris ? on comprend que la moitié supérieure pourra seule se dilater, ce qui portera la pupille en haut ; si c'est la partie inférieure-externe qui est immobilisée, la pupille se portera en haut et en dedans, etc.

*D*). — La surface de l'iris peut apparaître plissée, mamelonnée, inégale. Cette lésion se remarque surtout à la périphérie de la membrane, et coïncide avec d'autres du globe oculaire : plusieurs autopsies m'ont permis de constater qu'elle n'est qu'une sorte de froncement dû à la rétraction circulaire d'une fausse membrane qui couvre la face postérieure des *procès* : elle serait donc un signe de *cyclite* ancienne.

*E*). — L'iris peut, par sa partie centrale, se porter soit en avant, soit en arrière. On se rappelle que normalement l'iris *paraît* légèrement bombé en avant : cette disposition peut s'exagérer, c'est-à-dire que la face antérieure de cette membrane devenue *réellement* convexe, se rapproche de la cornée ; elle est même susceptible de toucher la membrane de Descemet et d'y adhérer à la longue, ainsi que j'ai déjà eu l'occasion de l'indiquer.

J'ai toujours constaté que dans ces circonstances la forme de l'iris est régulièrement convexe; toujours aussi, le cristallin accompagne cette membrane dans le déplacement qu'effectue sa partie centrale. Pour être exact, je devrais dire que l'iris ne fait qu'obéir à la poussée qu'il reçoit du cristallin, alors que celui-ci est sollicité à se porter en avant, soit par la diminution de l'humeur aqueuse, soit par l'hypertrophie du corps vitré, soit enfin par ces deux causes agissant simultanément.

La disposition inverse à celle qui vient d'être décrite peut aussi se remarquer : c'est-à-dire que l'iris dont la partie centrale est éloignée, se montre régulièrement concave par sa face antérieure, en sorte que la première chambre a acquis une profondeur qui est parfois considérable. Une lésion de ce genre suppose une hydropisie des chambres coïncidant ou non avec l'atrophie du corps vitré. Il faut aussi admettre une adhérence à peu près complète de la face postérieure de l'iris, sans quoi la partie centrale de cette membrane étant soumise de la part de l'humeur aqueuse à des pressions égales d'avant en arrière et d'arrière en avant, ne suivrait pas le cristallin dans son déplacement en arrière.

C'est véritablement dans ces conditions que la pupille semble s'ouvrir au fond d'un entonnoir. Je repousse donc complètement l'explication de MM. Hocquart et Bernard d'après lesquels la pupille étant « soudée à la cristalloïde par des synéchies postérieures, c'est la partie moyenne du diaphragme qui est refoulée par les fausses membranes ciliaires... (1). »

_______

(1) *Loco. citato*, p. 280.

*F).* — L'iris peut se montrer *flottant* dans le sens antéro-postérieur : c'est là un symptôme plutôt qu'une véritable lésion, qui se constate en même temps que la luxation du cristallin.

*G).* — Enfin l'iris peut *s'atrophier* comme il peut *augmenter* aussi en superficie.

L'atrophie de l'iris se reconnaît à l'amincissement du bord pupillaire qui, en outre, se montre irrégulier, divisé, déchiqueté. Cette lésion qui coïncide avec la paralysie, est l'indice de l'oblitération des artères ciliaires antérieures, comme la paralysie s'explique elle-même par la compression ou l'atrophie des nerfs ciliaires.

C'est dans les cas d'augmentation des diamètres oculaires que l'on voit l'iris présenter lui-même des dimensions considérables; presque toujours cette lésion coïncide également avec la paralysie qui résulte ici de la compression éprouvée à la fois par les nerfs ciliaires et par la rétine.

### Corps ciliaires.

Les lésions du *muscle ciliaire* sont peu connues; ce que je vais dire aura trait particulièrement aux *procès.* Ces organes peuvent présenter des lésions d'inflammation exsudative; ils peuvent s'hypertrophier; plus souvent ils s'atrophient.

*A).* — En parlant de l'iris, j'ai dit que des exsudats pouvaient apparaître entre sa face postérieure et la face antérieure des procès; il y a tout à la fois *iritis* et *cyclite antérieure exsudative* : c'est l'irido-cyclite. Mais les procès sont susceptibles de présenter la même lésion *sur leur face postérieure* : tantôt la matière d'exsudation, très fibrineuse et peu abondante, reste complétement adhérente aux procès ; tantôt, au contraire, elle est plus fluide en même temps que versée en plus grande quantité : filtrant alors à travers le tissu délicat de la rétine et de la membrane hyaloïde elle pénètre dans le corps vitré dont elle augmente la masse et la consistance, en même temps qu'elle lui fait perdre sa transparence.

Dans le premier cas, qui constitue la cyclite postérieure exsudative, l'exsudat présente souvent des prolongements libres et mobiles, sous forme de filaments plus ou moins déliés, blanchâtres ou jaunâtres que l'on aperçoit derrière le cristallin aussi longtemps qu'il conserve sa transparence. Bientôt l'exsudat se vascularise à la façon des fausses membranes pleurétiques, et présente peu à peu la transformation fibreuse : par suite, il subit un retrait qui peut être assez puissant pour en déterminer un semblable dans la masse des procès, et auquel nous avons déjà attribué l'apparence froncée de l'iris.

Toutefois, cette rétraction n'est pas seulement circulaire ; elle s'effectue également en tous sens, et notamment du centre à la périphérie : il en résulte une diminution de largeur de la collerette formée par les procès, et consécutivement une luxation du cristallin amenée par la rupture de son ligament suspenseur ou zone de Zinn.

Le corps vitré lui-même ne tarde pas à ressentir les effets fâcheux de cet état de choses : séparé par une membrane plus ou moins fibreuse des procès qui lui fournissent la plus grande partie de ses matériaux de nutrition, il dégénère promptement.

Les procès ciliaires peuvent présenter plusieurs couches semblables superposées, — indices d'un égal nombre de poussées inflammatoires : elles sont d'autant plus épaisses et moins résistantes, et par conséquent, d'autant plus jeunes qu'elles occupent une position plus superficielle. Les plus anciennes peuvent même acquérir une certaine transparence.

Lorsque l'exsudat, plus fluide et plus abondant, pénètre à travers la rétine et la membrane hyaloïde jusque dans le corps vitré, l'affection, moins localisée, est plutôt désignée sous le nom de *choroïdite antérieure*. Comme précédemment, cet exsudat va se vasculariser et se rétracter pour former en dernier lieu une cloison épaisse et complète située en arrière des procès et du cristallin, et s'étendant plus ou moins sur la choroïde proprement dite ; — cloison dont la présence opposera désormais un obstacle insurmontable au passage des rayons lumineux.

Cette cloison pourra même être renforcée par un ou plusieurs épanchements fibrino-albumineux qui se produiront ultérieurement.

Dans ces cas d'une si haute gravité, les lésions ne se bornent pas à celles qui viennent d'être indiquées : en effet, la rétine attirée, entraînée par le retrait de l'exsudat, se sépare de la choroïde, se rupture au niveau de la papille, continue à suivre l'exsudat dans son mouvement, et entre, en définitive, pour une part bien minime dans la constitution de la cloison anormale qui se forme dans l'œil. Il en est naturellement de même de la membrane hyaloïde et des élément figurés du corps vitré : aussi ce dernier perd-il complètement les caractères qu'on lui connaît, sans préjudice des dégénérescences qui doivent fatalement l'atteindre par la suite.

C'est ainsi que les choses se passent chez le cheval ; mais chez les animaux qui, de même que le bœuf, sont pourvus de vaisseaux rétiniens très apparents, et par conséquent très résistants, la rupture de la rétine au niveau de la papille n'a pas lieu : cette membrane décollée latéralement et entraînée par l'exsudat, finit par former avec ses vaisseaux une forte bride qui se confond, en avant, avec la cloison anormale, et dont l'extrémité postérieure est fixée au centre ou même à la périphérie de la papille.

*B*). — Les procès ciliaires sont susceptibles de présenter une *augmentation considérable de volume ;* mais la lésion de nutrition la plus fréquente est bien certainement *l'atrophie* qui se rencontre toujours à des degrés divers dans la phthisie de l'œil. Ils peuvent aussi présenter une véritable *sclérose*, ou diminution de volume avec augmentation de la résistance.

### Choroïde proprement dite

Parmi les lésions de cette membrane, il faut citer les exsudats inflammatoires et la perte plus ou moins complète de sa pigmentation.

*A*). — L'inflammation de la choroïde proprement dite constitue la *choroïdite postérieure* : comme celle du corps ciliaire, cette maladie s'accompagne d'une exsudation qui se répand dans l'humeur vitrée pour se rétracter ensuite en entraînant avec elle la rétine, la membrane hyaloïde et les cellules de l'humeur de même nom. Le tout forme, en dernière analyse, une couche épaisse d'un blanc jaunâtre qui tapisse le fond de l'œil, et ne laisse plus apercevoir le *tapetum*, non plus que la papille.

On voit donc que dans les cas d'inflammation locale de la choroïde, le processus tout en étant identique, et se compliquant fatalement de décollement rétinien ainsi que de perte de la vision, donne lieu pour l'observateur, à des symptômes différents ; dans la *choroïdite antérieure*, l'exsudat, après rétraction, vient former en arrière du cristallin une cloison opaque qui ne permet plus l'exploration du fond de l'œil ; au contraire, dans la *choroïdite postérieure*, la membrane de nouvelle formation ne s'oppose en rien par elle-même à la pénétration des rayons lumineux; mais elle ne laisse apercevoir ni la papille, ni le tapis qu'elle recouvre.

Naturellement, ces deux lésions peuvent se trouver réunies après s'être développées isolément; elles peuvent aussi se produire d'une façon simultanée.

*B).* — La choroïde peut voir *disparaître plus ou moins complétement la couche pigmentaire* qui la sépare de la rétine. Ainsi que j'ai déjà eu l'occasion de le rappeler, quelques anatomistes rattachent cette couche à la membrane nerveuse : j'aurai à revenir sur ce point. Pour l'instant, je me borne à signaler cette lésion qui donne au fond de l'œil un reflet brillant et rougeâtre, et qui permet d'apercevoir avec plus ou moins de netteté, par l'examen ophthalmoscopique, le réseau des vaisseaux choroïdiens.

La choroïde est sans doute susceptible de s'*œdématier* ou de présenter une disposition *variqueuse* de ses vaisseaux, lors de compression des veines vorticineuses; mais je n'ai pas été à même de vérifier le fait. La nature éminemment vasculaire de cette membrane dit assez qu'elle peut aussi se *congestionner* ; toutefois c'est un phénomène qu'il est à peu près impossible de constater directement, soit pendant la vie, soit après la mort. Il me paraît certain qu'elle est également susceptible de présenter l'*inflammation sans exsudation plastique*; et ce que je dis de la choroïde proprement dite, est de tous points applicable au corps ciliaire et à l'iris : ces sortes de lésions ne peuvent guère s'apprécier que par les modifications qu'elles entraînent dans la quantité et la nature des milieux, — modifications que nous aurons à étudier spécialement.

### Tapis.

Nous venons de voir qu'il peut *disparaître* sous une couche pseudo-membraneuse ; il est également susceptible d'éprouver une sorte d'atrophie qui se traduit tantôt par la *diminution uniforme* de l'éclat de ses nuances, et tantôt par l'apparition de *taches jaunâtres*, de forme irrégulière et de dimensions variées, qui se montrent disséminées çà et là. J'ai rencontré cette dernière lésion, qui pourrait bien dénoter une ancienne apoplexie choroïdienne, sur des yeux atteints de glaucome avec excavation papillaire ; les antécédents du bœuf de boucherie auquel avaient appartenu ces organes me sont malheureusement inconnus.

### Lamina fusca et espace supra-choroïdien.

La couche de tissu conjonctif interposée entre la sclérotique et la choroïde, est susceptible de s'infiltrer de sérosité — de s'*œdématier*, lors de l'inflammation de ces membranes, et surtout de la dernière. J'ai déjà dit que je la soupçonnais de devenir, dans certains cas, le siège d'une inflammation phlegmoneuse se terminant par *suppuration* ; elle peut subir la transformation fibreuse ; enfin, j'ai rencontré une fois, dans le voisinage du nerf optique, une *lamelle calcaire* ayant à peu près les dimensions et l'épaisseur d'une pièce de cinquante centimes.

### Rétine.

Les principales lésions que peut présenter la rétine, sont le décollement et la rupture que j'ai déjà fait connaître à propos des exsudats choroïdiens ; elle peut, en outre, se montrer congestionnée et même œdématiée ; enfin, elle peut s'atrophier d'une manière plus ou moins complète sans subir de déplacement.

*A*). — On aura sans doute remarqué de quelle façon je comprends le mécanisme du *décollement rétinien* : sans nier — bien que je n'aie jamais constaté le fait — la possibilité du refoulement de la rétine par un liquide de sécrétion de la choroïde, ainsi que l'admettent les ophthalmologistes, je crois plutôt — me basant sur des autopsies — à l'attraction centripète d'abord, et ensuite d'arrière en avant, ou d'avant en arrière, selon les cas, exercée par un exsudat qui aurait primitivement, grâce à sa fluidité, traversé la rétine et la membrane hyaloïde sans les déplacer. S'il en était autrement, — si la rétine eût été tout d'abord décollée et repoussée par une sécrétion de la choroïde, comment s'expliquer que, à un moment donné, toute sa masse se trouvât précisément amenée au point où a eu lieu la sécrétion ; en un mot, comment expliquer que la rétine eût abandonné les autres points de la choroïde où aucun phénomène morbide ne s'était produit ?

Une semblable lésion entraîne toujours, dans un temps plus ou moins rapproché, l'atrophie du nerf optique.

*B*). — La rétine peut être affectée d'un véritable *œdème* : j'ai constaté cette lésion sur les yeux d'une vache charollaise aveugle par suite d'un double glaucome chronique avec excavation de la papille. En même temps que ces lésions, j'ai rencontré un épaississement marqué à peu près général de la sclérotique. Il me semble rationnel d'attribuer l'œdème de la rétine à une compression commençante des vaisseaux rétiniens par suite de cet épaississement ; — compression dont les effets devaient naturellement se faire sentir tout d'abord sur les veines.

Chez un pareil sujet, celles-ci devaient se montrer variqueuses : toutefois, ce n'est là qu'une supposition, car l'examen ophthalmoscopique n'a pas été fait.

*C*). — La rétine peut se montrer *congestionnée* ; cette lésion se reconnaît aisément au réseau vasculaire rétinien qui est rendu plus apparent. C'est ainsi que j'ai constaté, à l'ophthalmoscope, la dilatation de ce réseau chez un cheval qui avait présenté dans les deux yeux les symptômes du glaucome sur-aigu : plusieurs vaisseaux situés à proximité de la papille et plus gonflés que les autres, présentaient en outre une coloration noir-bleuâtre bien remarquable.

Ces vaisseaux sont susceptibles de se rupturer : il en résulterait l'hémorrhagie ou *apoplexie* rétinienne.

Je ne connais pas les lésions laissées par l'inflammation vraie.

*D*). — Enfin la rétine peut *s'atrophier*. On se souvient que la nutrition des couches externes de cette membrane est sous la dépendance des vaisseaux de la choroïde, tandis que les couches internes tirent leurs matériaux nutritifs des vaisseaux rétiniens proprement dits. L'atrophie peut donc intéresser en premier lieu les unes ou les autres de ces couches, selon que la circulation est plus ou moins entravée dans les artères ciliaires postérieures ou les artères rétiniennes. Mais l'atrophie des couches externes doit, à la longue, amener celle des couches internes par défaut de fonctionnement, et *vice versa*. Pour le même motif, l'atrophie rétinienne peut être amenée par l'atrophie du nerf optique, comme celle-ci peut être préparée et occasionnée par celle-là.

Le phénomène d'atrophie rétinienne le plus aisément appréciable, est évidemment la diminution d'épaisseur ou la disparition totale de la couche pigmentaire dont il a déjà été fait mention.

## Papille optique.

Ses lésions les plus fréquentes consistent en un déplacement excentrique et en phénomènes d'atrophie. Pas plus que pour la rétine, je ne connais les lésions laissées par l'inflammation.

*A*). — Nous verrons, en traitant des modifications de forme et de volume du globe oculaire, que, sous l'influence d'une pression intérieure plus forte, son diamètre antéro-postérieur se trouve augmenté. Mais à cela ne sauraient se borner les effets de cette pression : la sclérotique affaiblie dans la petite zone où elle est traversée par les fibres du nerf optique, cède elle-même en ce point qui finit par présenter une dépression en forme d'entonnoir, ou comme l'on dit, une *excavation*. Celle-ci n'intéresse le plus souvent que la surface de la papille ; mais elle peut aussi s'étendre au-delà : c'est ainsi que sur l'œil d'un bœuf, j'ai constaté qu'elle occupait une surface circulaire de sept à huit millimètres de diamètre.

L'excavation papillaire à la constatation de laquelle les ophthalmologistes attachent tant d'importance dans le diagnostic du glaucome, me paraît se montrer beaucoup plus fréquemment et avec plus de netteté chez le bœuf que chez le cheval. Il est possible que la disposition des vaisseaux rétiniens joue à cet égard un certain rôle.

Je ne quitterai pas ce sujet sans consigner une remarque que j'ai faite dans tous les yeux glaucomateux qu'il m'a été donné d'autopsier : tout en reconnaissant dans la production de l'excavation papillaire, l'influence de la moindre résistance opposée normalement par la lame criblée, je dois dire que j'ai toujours vu coïncider avec cette lésion un épaississement parfois considérable de la sclérotique environnante, — épaississement qui, non seulement, augmente la résistance de la coque fibreuse dans les points voisins de la papille, mais indique, en outre, que dans ces points la sclérotique loin de céder, a dû au contraire éprouver une rétraction.

*B*). — La papille peut s'atrophier : ce que l'on reconnaît à ses moindres dimensions et à la perte de sa forme elliptique. La constatation de cette lésion est très importante, car elle renseigne sur l'état du nerf optique dont nous allons nous occuper.

### Nerf optique.

La principale lésion du nerf optique est l'*atrophie*; je ne connais pas celles que peut produire l'inflammation aiguë.

L'atrophie du nerf optique est bien facile à apprécier à l'œil nu : son diamètre amoindri, la couleur grisâtre ou gris-rougeâtre, et l'apparence cireuse d'une surface de section ne sauraient laisser aucun doute. J'ai déjà indiqué quelques conditions de la production de cette lésion qui succède fatalement, et dans un temps plus ou moins éloigné, à l'atrophie de la rétine ; j'ajoute qu'elle peut avoir pour point de départ une lésion cérébrale ; plus souvent encore, elle est consécutive à l'atrophie du nerf opposé et dans ce cas, elle précède celle de la rétine qui se produira fatalement.

### Humeur aqueuse

Nous avons exposé, avec les détails qu'elles comportent, les lésions que peuvent présenter les parois des *chambres*; il nous reste à étudier les modifications que leur produit de sécrétion — c'est-à-dire l'humeur aqueuse — est susceptible de présenter à son tour.

Ces modifications, naturellement subordonnées à l'état maladif des parois, ont la plus grande analogie avec celles qui résultent pour le liquide contenu dans les cavités closes de la plèvre, du péricarde, des synoviales articulaires, etc., des affections dont ces différentes séreuses peuvent être atteintes.

L'humeur aqueuse est susceptible d'éprouver des variations dans sa quantité qui peut diminuer ou augmenter ; elle peut subir des modifications dans sa nature ; elle est parfois mélangée de sang et de pus ; enfin, elle peut se montrer colorée et plus ou moins lésée dans sa transparence.

*A*). — L'humeur aqueuse est susceptible d'éprouver des *variations dans sa quantité* qui peut augmenter ou diminuer. Les simples variations de quantité, soit en plus, soit en moins, s'observent fréquemment dans certains états chroniques ; j'ai déjà parlé de la diminution et de l'augmentation de profondeur des chambres, annoncées, la première, par la convexité de la face antérieure de l'iris, et la deuxième, par la concavité de cette même face : ces deux états coïncident souvent avec la conservation apparente du volume du globe oculaire. Lorsqu'il y a phthisie, l'humeur aqueuse est nécessairement diminuée.

Ce dernier phénomène s'observe aussi dans certains états aigus : tantôt il y a augmentation du volume de l'œil et de la tension oculaire, ce qui annonce de graves épanchements dans le corps vitré ; tantôt, au contraire, la tension intra-oculaire est amoindrie.

Dans les affections aiguës, l'augmentation de la quantité d'humeur aqueuse sans altération de sa limpidité est sans doute possible ; mais je la crois bien rare. Comme dans les cas chroniques, l'iris et le cristallin seraient nécessairement reportés en arrière, en même temps que la cornée présenterait une convexité plus prononcée.

*B).* — L'humeur aqueuse peut subir des *modifications dans sa nature*. On se rappelle que ce liquide est très faiblement albumineux ; or, sous l'influence de l'inflammation d'une partie quelconque des parois des chambres, il peut arriver à contenir une notable quantité de fibrine qui se révèle par sa coagulation sous forme de nuages légers, de filaments ténus, ou de flocons plus ou moins épais. Ceux-ci emprisonnent dans leur réseau une certaine quantité de leucocytes que l'humeur aqueuse tenait également en suspension. La quantité de ces coagulums est très variable : tantôt ils sont à peine visibles, et tantôt au contraire, ils paraissent remplir complètement la chambre antérieure. On les distingue des exsudats de la face antérieure de l'iris, à leur mobilité que mettent en évidence les mouvements du globe oculaire ainsi que les pressions exercées sur la cornée.

La couleur des coagulums varie du blanchâtre au jaunâtre, et dépend des proportions relatives de fibrine et de leucocytes qui entrent dans leur constitution ; ils peuvent aussi présenter la nuance dite de *feuille morte* : indice, on s'en souvient, de la couleur verdâtre de la cornée. Parfois, enfin, les capillaires laissent échapper quelques globules sanguins qui forment, çà et là, des stries rougeâtres.

Le plus souvent, ces nuages, ces flocons obéissant aux lois de la pesanteur, tombent dans le bas de la chambre antérieure en se stratifiant, d'une façon visible, pour former un dépôt dont la surface supérieure n'a rien de régulier. En quelques jours, tout disparaît par résorption. Dans certains cas, celle-ci s'effectue si rapidement que la stratification n'a pas le temps de se faire.

Quelquefois le dépôt est formé d'un seul flocon mobile, de forme plus ou moins globuleuse ou allongée, à extrémités arrondies, et à surface supérieure convexe ; ce flocon qui, souvent, n'a pas été précédé d'un trouble appréciable de l'humeur aqueuse, paraît s'être détaché d'un exsudat que l'on aperçoit au bord de la pupille, ou sur la cristalloïde antérieure. Comme le précédent, il est repris rapidement.

On dit que les parois des chambres peuvent sécréter du pus : cela ne me paraît nullement impossible; toutefois, ces sortes d'ophthalmies purulentes résultant de causes internes doivent être bien rares. Personnellement, je n'en ai jamais observé, et je n'en connais aucune observation authentique. A la suite de plaies pénétrantes, la suppuration doit se produire plus aisément.

Il ne faut pas confondre la suppuration des chambres avec l'apparition du pus dans le bas de la chambre antérieure, dont je vais avoir à m'occuper.

*C*). — L'humeur aqueuse est parfois *mélangée de sang et de pus*. Nous venons de voir que dans le cas d'inflammation vive, quelques globules sanguins peuvent s'échapper des capillaires et se mêler aux coagulums fibrineux; mais il est des cas ou, à la suite d'une forte contusion de l'œil, il se produit une véritable hémorrhagie qui rend l'humeur aqueuse complétement sanguinolente. Bientôt, la fibrine du sang se solidifie en emprisonnant les globules, et le tout se précipite dans le bas de la chambre antérieure en donnant lieu à un dépôt uniformément rouge appelé *hypohéma*, ou *hyphéma*, qui disparaît aussi par résorption.

Au lieu de sang, l'humeur aqueuse peut contenir du pus : ce liquide qui s'était formé dans quelque région profonde de l'œil, sans donner lieu à une réaction bien apparente à l'extérieur, fait irruption tout-à-coup et s'accumule aussitôt dans le bas de la chambre antérieure.

Du jour au lendemain on peut constater l'existence d'un pareil dépôt sans inflammation apparente des chambres, et sans que l'humeur aqueuse ait perdu sa limpidité. Le pus doit donc s'être formé ailleurs ; j'ai déjà indiqué les motifs qui me font croire à la possibilité de sa formation dans l'espace supra-choroïdien.

Ce dépôt qui est le véritable *hypopion*, se distingue aisément de toute lésion similaire : sa masse homogène, nullement stratifiée, se montre uniformément de nuance blanc-jaunâtre ; sa partie supérieure bien horizontale dans l'état de repos de l'œil, tend immédiatement à reprendre ce niveau lorsque les mouvements du globe le lui ont fait perdre.

Comme les dépôts fibrineux et l'hypohéma, l'hypopion vrai se résorbe en quelques jours.

*D*). — L'humeur aqueuse peut se montrer *colorée et plus ou moins altérée dans sa transparence.* C'est de tous les milieux de l'œil celui qui résiste le plus à ces modifications. Toutefois, dans certains cas de phthisie oculaire, cette humeur peut présenter une coloration jaunâtre, avec conservation de sa transparence ; elle peut aussi se montrer boueuse et de couleur foncée. Mais ces lésions ne font que s'ajouter à d'autres déjà assez graves par elles-mêmes pour déterminer la perte de la faculté visuelle ; il est donc inutile de s'y arrêter davantage.

### Cristallin.

Nous allons étudier isolément les lésions de la capsule et celles du tissu propre ; nous passerons ensuite en revue celles qui peuvent affecter l'organe dans son ensemble.

*A*). — Les lésions particulières de la *capsule* sont de nature exsudative : elles doivent être distinguées en *externes* et en *internes*.

Les lésions capsulaires externes se voient surtout sur la cristalloïde antérieure. Celle-ci concourant à former les parois de la chambre postérieure, est susceptible, comme le corps ciliaire et l'iris, de se couvrir partiellement ou en totalité de productions pseudo-membraneuses. En parlant des maladies de l'iris, nous avons vu que si de semblables productions se forment en même temps sur la face postérieure de cette membrane, il en résulte presque fatalement des adhérences ou *synéchies*. Mais on observe des cas dans lesquels l'iris n'est pas atteint d'inflammation exsudative : alors les pseudo-membranes capsulaires s'organisant en tissu fibreux, forment en avant du cristallin une couche blanchâtre et dépourvue de transparence, qui apporte à la vision un obstacle plus ou moins sérieux. En effet, si la cristalloïde peut être couverte en totalité, elle peut aussi ne présenter qu'une ou plusieurs opacités de dimensions restreintes, linéaires, ou punctiformes, que nous connaissons sous le nom de *dragons*, de *marbrures*. Avec le temps, et sous la condition que la maladie ne récidive pas, ces opacités peuvent s'atténuer notablement.

Parfois, les flocons pseudo-membraneux sont allongés et n'adhèrent que par une extrémité à la capsule cristalline, tandis que le reste flotte librement au sein de l'humeur aqueuse. Ces flocons perdent considérablement de leur volume par la suite, et finissent par ne plus constituer que de très minces filaments qui conservent leur mobilité. — Je rappelle que, au moment où l'exsudation se produit, le coagulum peut se briser, tomber dans le bas de la chambre et y former ce dépôt morbide non stratifié, à surface supérieure convexe dont il a été précédemment question.

D'après ce qu'il m'a été donné de voir, la face externe de la cristalloïde postérieure doit présenter rarement de semblables phénomènes : non seulement, en effet, cette membrane perd moins souvent sa transparence que la cristalloïde antérieure, mais, de plus, je n'ai rencontré qu'un seul cas où elle avait contracté par le point culminant de sa surface, une légère adhérence avec la cloison anormale qui est le résultat de la *choroïdite antérieure*. Nul doute que cette adhérence ne se produisît fréquemment, et sur la presque totalité de la surface de la cristalloïde postérieure, si elle participait elle-même à l'inflammation exsudative du corps ciliaire.

La face interne de la capsule peut être le siège de phénomènes identiques à ceux que nous venons d'étudier. Le plus souvent, l'exsudation se produit sous la cristalloïde antérieure ; mais elle peut aussi, dans quelques cas rares, se former partout entre la capsule et le tissu propre. Isolant plus ou moins complètement ces deux organes, et interrompant leurs relations, la production pseudo-membraneuse devient une cause de dégénérescence de la lentille. Elle peut aussi, avec le temps, se charger de granulations calcaires qui restent isolées ou forment une couche ininterrompue.

On trouve parfois, en même temps que l'exsudat, ou existant sans lui, une petite quantité de liquide entre la capsule et la lentille : est-ce un produit anormal de sécrétion ou, au contraire, n'aurait-il pas simplement pénétré par endosmose ? Les deux suppositions me paraissent également admissibles ; mais la chose n'a pas, en elle-même, une grand importance.

*B* — Les lésions de la substance propre du cristallin — *toutes de dégénérescence* — sont la conséquence fatale des maladies de la capsule, par la voie de laquelle arrivent les matériaux nutritifs. Mais elles peuvent aussi se produire sans que la capsule paraisse atteinte, et alors surtout qu'elle a conservé toute sa transparence.

On peut constater soit l'opacité pure et simple du tissu propre, soit sa fragmentation, soit même sa liquéfaction et sa résorption progressive. Les deux premiers états peuvent se combiner, et, souvent ensuite, font place au troisième.

L'*opacité* du tissu propre coïncide avec une coloration susceptible de varier du blanc laiteux au brun le plus foncé; la nuance est même assez rarement identique dans toute la masse : nul doute que des apparences aussi diverses ne soient l'expression de modifications moléculaires différentes elles-mêmes, qui peuvent présenter beaucoup d'intérêt pour l'anatomiste, mais n'en ont en réalité que fort peu pour le clinicien.

Une lésion, assurément bien remarquable, de la lentille cristalline est sa *fragmentation* : elle résulte d'un travail atrophique qui porte plus spécialement son action sur la matière amorphe interposée entre les noyaux dont se compose le cristallin. Un vide se produit donc entre ces noyaux, et s'annonce sur l'animal vivant par un certain nombre de stries également espacées, qui affectent une disposition rayonnée très régulière et très remarquable : au début, ces stries sont au nombre de trois seulement; plus tard, les espaces intermédiaires se subdivisent eux-mêmes par l'apparition de trois stries nouvelles. C'est cette fragmentation qui constitue la variété de cataracte dite *radiée* ou *étoilée*; elle coïncide toujours avec une opacité plus ou moins marquée du tissu propre.

La *liquéfaction* du cristallin commence par les couches superficielles et gagne peu à peu les parties centrales. Le produit qui en résulte est tantôt incolore et simplement chargé de quelques gouttelettes graisseuses ; tantôt, au contraire, il est épais, boueux, et de couleur brunâtre. Il est susceptible de se résorber d'autant plus aisément et plus complètement qu'il se montre plus limpide.

J'ai observé chez un cheval présenté à la consultation en février 1881, un cas de rupture spontanée de la capsule du cristallin ramolli. Je transcris l'observation que je retrouve dans mes notes de l'époque : Dans la chambre antérieure de l'œil droit, un peu au-dessous du bord inférieur de la pupille, mais n'allant pas jusqu'au bas de la chambre comme le fait habituellement l'hypopion, — étant, en un mot, suspendu dans l'humeur aqueuse, — se voit un coagulum blanc-bleuâtre, ayant le volume et la forme d'un gros grain de chènevis. L'ouverture pupillaire a perdu sa régularité, et se trouve comblée par un magma blanc-bleuâtre paraissant de même nature que le coagulum ci-dessus décrit. Ce *magma* est mobile dans sa masse, c'est-à-dire que pendant les mouvements de l'œil, il semble qu'une partie va s'en détacher et tomber de nouveau dans la chambre : *cela fait l'effet d'un œuf cassé dont le contenu hésite pour ainsi dire à sortir.* A n'en pas douter, le coagulum qui simule l'hypopion est tombé de là.

Au dire du propriétaire, il y a longtemp que l'œil serait cataracté ; mais c'est seulement depuis la veille qu'il présente l'aspect nouveau que je viens d'essayer de décrire, et qui ne s'accompagne d'aucun symptôme aigu.

On se rappelle que Gohier a dit que l'hypopion simule parfois une goutte d'huile : est-ce un état semblable à celui-ci qu'il a voulu indiquer ? Je serais porté à l'admettre ; néanmoins, de tels cas sont si rares et si peu connus que je me borne à enregistrer celui-ci sans commentaires.

C — Les lésions intéressant le cristallin entier sont le traumatisme, les colorations anormales, l'opacité, les changements de forme et de volume, et la luxation.

Le *traumatisme* peut s'exercer directement ou à distance sur le cristallin : un corps étranger qui perfore la cornée et va toucher la cristalloïde, occasionne une lésion directe ; une simple contusion du globe oculaire peut déterminer une lésion à distance. Je ne veux m'occuper en ce moment que des premières.

La cristalloïde est d'une fragilité telle que si elle vient à être touchée par un corps vulnérant, il y a de grandes chances pour qu'elle se rupture et livre passage à la lentille ; le choc peut aussi être une cause de luxation de l'organe entier. Dans le premier cas, la substance propre peut s'échapper par la plaie de la cornée ; mais elle peut aussi rester dans la chambre antérieure où elle ne tarde pas à subir l'action dissolvante de l'humeur aqueuse, et à disparaître à la façon de l'hypopion. Quant à la capsu'e, elle réagit d'abord par l'inflammation exsudative contre la lésion qui vient de l'atteindre ; ensuite, elle revient peu à peu sur elle-même en présentant une série de plis rayonnés qui convergent vers une sorte d'ombilic central, et lui donnent l'apparence d'une petite fleur radiée : désormais, elle a perdu toute transparence. — Je ne parle ici, bien entendu, que du traumatisme accidentel : les lésions capsulaires de nature chirurgicale ont rarement de semblables conséquences.

Nous verrons plus loin ce que devient le cristallin luxé dont la capsule est restée intacte.

Le cristallin, tout en restant transparent, peut, comme la cornée, présenter *certaines colorations anormales* ; dans ce cas, il est habituel de voir la capsule et le tissu propre participer tous deux à ce changement : c'est ainsi que cet organe peut affecter toutes les nuances intermédiaires entre le jaune d'ambre et le vert de mer. On comprend que cette teinte réagisse sur celle du fond de l'œil, qui apparaît légèrement jaunâtre et plus souvent verdâtre.

La modification dont il s'agit se produit généralement sous l'influence de l'âge ; il faut donc s'attendre à la rencontrer sur la plupart des vieux sujets.

Les *opacités* du cristallin constituent la maladie que l'on désigne sous le nom de *cataracte*. Les unes siègent sur la face externe de la cristalloïde antérieure : c'est la cataracte *capsulaire* ou *corticale* ; les autres ont leur point de départ dans les exsudats de la face interne, et entraînent fatalement des dégénérescences de la lentille : c'est la cataracte *capsulo-lenticulaire* ou *mixte* ; enfin, d'autres opacités n'intéressent que la lentille : c'est la cataracte *lenticulaire* ou *nucléaire*.

Les opacités capsulaires et capsulo-lenticulaires sont très fréquentes chez le cheval, tandis que les nucléaires y sont très rares. Le contraire s'observe chez le chien qui présente surtout la variété de cataracte dite étoilée. Chez le bœuf, on voit à peu près également les unes et les autres. Nous aurons à revenir sur ces faits qui ont une bien grande importance au point de vue de l'intervention chirurgicale.

Sous l'influence des épanchements divers qui sont susceptibles de se produire à la face interne de la capsule, le *volume* du cristallin doit augmenter, et augmente en effet ; mais cette modification ne saurait avoir lieu sans en entraîner d'autres dans la *configuration* de l'organe, qui tend à se rapprocher de la forme sphérique ; on voit donc son bord s'épaissir, en même temps que son diamètre transverse diminue.

C'est là une modification qui vient favoriser la luxation, et sur laquelle j'aurai à revenir.

Lorsque, au contraire, le contenu de la capsule se résorbe, on voit le diamètre antéro-postérieur se réduire peu à peu tandis que le bord devient de plus en plus tranchant : cet état coïncidant avec l'opacité capsulaire, constitue la variété de cataracte dite *siliqueuse*.

Une lésion fort grave, soit par elle-même, soit en raison de celles qui l'accompagnent est la *luxation* du cristallin dont les attaches se sont brisées sous l'influence de causes dont nous avons déjà indiqué les principales : 1° la rétraction de l'exsudat qui recouvre les procès ciliaires ; 2° la diminution du diamètre transverse du cristallin ; 3° le traumatisme direct ou à distance. A ces causes, il convient d'ajouter l'augmentation de densité de l'organe plus ou moins chargé de calcaire.

Selon les cas, le cristallin tombe dans le corps vitré, ou vient presser de haut en bas et d'arrière en avant sur l'iris : l'ouverture pupillaire cède peu à peu, jusqu'au point de livrer passage à l'organe errant qui vient échouer dans le bas de la chambre antérieure. Désormais — et quelque situation qu'il occupe — le cristallin constitue un véritable corps étranger et inerte, auquel les mouvements de l'œil et de la tête impriment des déplacements incessants.

Il est digne de remarque que cet organe se conserve ainsi indéfiniment sans avoir aucune tendance à disparaître ; sa capsule suffit à le protéger contre les causes de dissolution. Il augmente même de volume par la pénétration endosmotique d'une certaine quantité du liquide ambiant, et il se rapproche très sensiblement de la forme sphérique.

J'appelle l'attention sur ce fait de la non-destruction du cristallin pourvu de sa capsule; — fait qui a une grande importance pour le chirurgien.

### Humeur vitrée.

Le corps hyaloïde peut être envahi par des exsudats; il peut perdre sa consistance tout en gardant sa limpidité; il peut rester transparent et prendre différentes teintes; enfin, sa masse peut augmenter, comme elle peut s'atrophier ou subir diverses dégénérescences.

*A*). — Les ophthalmologistes admettent l'inflammation du corps vitré qu'ils ont vue se produire à la suite du séjour de petits corps étrangers. En raison de la nature organisée de ce milieu oculaire, la chose ne semble pas douteuse; mais je crois peu à son inflammation spontanée ou de cause interne, tandis que je tiens pour absolument certain que les *masses exsudatives* qui, à un moment donné, envahissent l'humeur hyaloïde, sont un résultat de l'inflammation des différentes parties de la choroïde. Sur un jeune chien, j'ai pris un jour, pour ainsi dire, la nature sur le fait : il s'agit d'un cas de glaucome aigu avec augmentation considérable du volume de l'œil, ainsi que de sa tension intérieure ; l'organe présentait, au toucher, la dureté d'une bille de marbre.

Dans cet œil, le corps vitré *presque* tout entier avait l'aspect d'une masse gélatiniforme jaunâtre et opaque. A la périphérie, et surtout dans les parties déclives, l'opacité était plus marquée; là, aussi, le coagulum était plus élastique, plus résistant. Dans sa partie centrale, au contraire, le corps vitré avait gardé un peu de sa transparence. Toute cette masse enveloppée par la rétine et l'entraînant avec elle, s'est séparée aisément de la choroïde et du corps ciliaire, ainsi que j'avais vu, dans d'autres cas, la séparation s'effectuer entre la face antérieure de l'iris et ses exsudats.

Il me semble qu'une pareille lésion comparée à celles que nous avons vues se produire dans la chambre antérieure, ne présente d'autres différences que celles qui résultent forcément de la consistance plus grande du milieu dans lequel est versé l'exsudat. Du reste, l'état presque encore indemne du centre, alors que les parties périphériques étaient si gravement atteintes, prouve suffisamment que le corps vitré n'avait joué par lui-même qu'un rôle absolument passif.

J'ai fait connaître ce qu'il advient de ces exsudats ; je dois cependant y revenir en raison des modifications de consistance que leur retrait imprime au corps vitré.

*B).* — Le milieu transparent qui nous occupe peut *perdre sa consistance tout en gardant sa limpidité incolore*. Il ressemble alors complètement à l'humeur aqueuse. Cette lésion, ainsi que beaucoup d'autres, s'accompagnant toujours de la présence d'une fausse membrane épaisse, — soit sur le corps ciliaire, soit sur la partie postérieure de la choroïde, — il me semble rationnel d'admettre que les cellules auxquelles le corps vitré doit sa consistance normale, préalablement emprisonnées par le réseau à mailles si fines formé par l'exsudat fibrineux, ont été entraînées et peut-être détruites par son retrait.

*C).* — Le corps vitré peut *rester transparent et prendre différentes teintes*. Ces modifications s'accordent quelquefois avec la conservation de la consistance ; mais, le plus souvent, elles coïncident avec un état de liquéfaction semblable à celui qui a été décrit ci-dessus, et sont toujours l'indice d'une dégénérescence du milieu. La couleur de l'humeur vitrée peut varier du jaune-ambré au vert-bouteille le plus foncé : en sorte que le *fond* de l'œil est susceptible de se voir avec des teintes variées résultant de la coloration de la cornée, de l'humeur aqueuse, du cristallin ou du corps vitré. On se rappellera que les nuances les plus foncées appartiennent à ce dernier.

*D*). — La masse du corps vitré peut *augmenter*, comme elle peut *s'atrophier* ou *subir diverses dégénérescences*.

Un exsudat considérable accroît rapidement le volume du corps vitré ; tout obstacle apporté à la circulation veineuse de l'œil produit le même résultat, mais un peu moins vite et en augmentant simplement la proportion d'eau. Si l'humeur aqueuse n'augmente pas proportionnellement, le cristallin d'abord, puis l'iris seront projetés en avant ; plus tard, le volume de l'œil apparaîtra plus considérable.

L'atrophie se produit sous l'influence de causes inverses : tantôt c'est un obstacle apporté à la circulation artérielle ; tantôt ce sont les exsudats organisés du corps ciliaire et de la choroïde qui jouent le même rôle que ceux qui s'interposent entre la cristalloïde et le tissu propre du cristallin. Cette dernière cause amène non seulement l'atrophie, mais encore la dégénérescence du corps vitré qui se trouble, s'épaissit, se fonce en couleur et peut prendre l'aspect d'un chocolat épais. On dit même qu'il peut contenir des paillettes de cholestérine qui se révèlent à l'examen ophthalmoscopique par leurs reflets brillants et leur mobilité : cet état constitue le *synchisis étincelant*.

### Globe oculaire.

Le globe oculaire peut présenter des modifications dans sa tension intérieure, dans son volume et dans sa forme.

Dans la longue revue qui précède, j'ai successivement fait connaître les causes de ces différentes modifications : néanmoins, l'importance du sujet me force à y revenir dans un coup-d'œil d'ensemble.

*A*). — La tension intra-oculaire peut se montrer *augmentée* ou *diminuée* : son augmentation prépare et accompagne quelquefois l'augmentation de volume du globe ; mais, dans bien des cas elle coïncide, au contraire, avec une diminution de ce même volume.

Ces propositions peuvent tout d'abord sembler contradictoires : en y réfléchissant, on verra que toutes deux sont fondées. En effet, l'œil étant en dernière analyse formé d'un contenant et d'un contenu, sa tension est sous la dépendance de deux facteurs : 1° les variations dans le volume des milieux ; 2° les variations dans la capacité des membranes d'enveloppe.

Si les milieux viennent à augmenter sous l'influence d'une cause quelconque, la tension oculaire augmentera elle-même en même temps que le volume du globe ; si ce sont, au contraire, les membranes d'enveloppe qui subissent une rétraction, la tension augmentera encore ; mais, par la même cause, le volume du globe devra diminuer.

Les causes qui peuvent augmenter le volume des milieux, ou pour être plus exact, du contenu de l'œil, sont les suivantes : 1° la congestion générale et soudaine de la membrane uvéale ; 2° la sécrétion surabondante des parois des différentes chambres ;

3° les épanchements plastiques considérables ; et 4°, enfin, la compression des vaisseaux veineux.

Deux causes peuvent déterminer la diminution de la capacité des membranes d'enveloppe, sans qu'il y ait diminution préalable de la masse des milieux. Ce sont : 1° les contractions du muscle ciliaire pendant les efforts de l'accommodation, et 2° l'inflammation générale de la sclérotique qui, bientôt, devra combiner ses effets avec ceux de la compression des veines. La première cause, essentiellement physiologique et passagère, ne détermine également qu'une augmentation momentanée de la tension : je ne fais que la mentionner. J'ai expliqué précédemment le mécanisme de la rétraction de la sclérotique par l'inflammation.

A quelque cause que soit due l'augmentation durable de tension, ce phénomène apporte par lui-même, dans la circulation oculaire, des troubles graves dont il est aisé de se rendre compte. Il en est de même relativement à l'innervation générale et spéciale de l'organe : aussi constate-t-on des phénomènes d'insensibilité dus à la compression des nerfs ciliaires ; la même cause agissant sur la rétine détermine l'affaiblissement progressif de la vue qui finit par se perdre, — même en supposant la conservation de la transparence des milieux et l'intégrité du nerf optique.

Il paraît, au dire du D<sup>r</sup> Nuel, que l'existence d'une tension intra-oculaire considérable, et surtout la grande constance de cette tension constituent une profonde énigme pour le physiologiste : « Nous ne comprenons pas bien, dit cet auteur, pourquoi la compensation physiologique ne ramène pas bientôt la tension à son niveau normal (1). »

---

(1) *Dictionn. encyclop.* : Œil, physiologie.

Je ne sais si je m'abuse, mais il me semble que le mécanisme de la production et de la persistance de ce phénomène est facile à saisir d'après ce qui est dit ci-dessus. Relativement à la persistance de la tension due surtout à la compression des veines, n'est-il pas évident que, aussi longtemps que la cause persistera, l'effet devra se maintenir?

La diminution de la tension oculaire reconnaît naturellement des causes inverses à celles qui produisent l'augmentation; elles sont aussi moins nombreuses. La plus grave est bien certainement la diminution spontanée de la masse des milieux, qui peut être due soit à une maladie des parois des cavités, soit à une compression des artères. La ponction de l'œil, en permettant la sortie de l'humeur aqueuse ou d'une portion du corps vitré, diminue également la tension.

Une seule cause peut amener l'augmentation *relative* de capacité du contenant : C'est le relâchement momentané ou durable — la paralysie — du muscle ciliaire, qui doit se produire fréquemment dans les inflammations de la zone du même nom.

L'*ésérine* passe pour diminuer la tension oculaire, tandis que l'*atropine* produirait un effet diamétralement opposé.

*B*). — Le globe oculaire peut présenter des modifications de *volume*.

Nous venons de voir que l'augmentation du contenu détermine une tension plus forte : si ce double phénomène ne se produit pas d'une façon subite, l'œil augmentera progressivement et régulièrement de volume, à la condition que la sclérotique ne soit pas atteinte par l'inflammation ; s'il y a *sclérotite* partielle, la membrane fibreuse se rétractera dans les points malades et cédera dans les autres, ce qui donnera lieu à des *staphylômes*.

Par suite de la diminution des milieux, l'œil s'atrophie progressivement et peut être réduit à un volume insignifiant : tantôt l'atrophie intéresse également toutes les parties ; tantôt elle se montre plus prononcée dans une région — soit antérieure, soit postérieure. C'est alors que la cornée est particulièrement réduite dans ses dimensions, et que, parfois, sa circonférence se montre plus ou moins sinueuse et sa surface plissée, ratatinée ; c'est alors, également, que l'on voit la sclérotique mamelonnée, etc.

Il est une lésion qui me paraît précéder et annoncer la phthisie des parties antérieures de l'œil:c'est une dépression circulaire que l'on remarque parfois au niveau du limbe scléro-cornéen, et qui ne saurait être attribuée qu'à une rétraction de l'ouverture antérieure de la sclérotique, — rétraction avec laquelle coïncide fatalement une gêne dans la circulation ciliaire antérieure.

La *brisure* de l'arc formé par le bord libre de la paupière supérieure, — symptôme signalé depuis si longtemps par nos auteurs, — indique aussi l'atrophie du globe oculaire ; il n'en est que la conséquence.

Ç. — Mais les inégalités de surface que nous venons de voir se produire, ne constituent pas les seules modifications de *forme* que puisse présenter le globe oculaire. On comprend, en effet, que sous l'influence de la tension intérieure plus considérable, le globe doit se rapprocher davantage de la forme sphérique : il y a donc augmentation du diamètre antéro-postérieur. En l'absence supposée de toute autre lésion, cette déformation doit amener une myopie d'autant plus marquée que le tapis sera plus éloigné de la lentille cristalline.

Nous savons que c'est à la pression plus forte éprouvée de dedans en dehors par la papille, que l'on attribue son *excavation*.

### Sensibilité oculaire.

Il y a lieu de distinguer la sensibilité *générale* et la sensibilité *spéciale* ou fonctionnelle.

*A*). La plupart des maladies de l'œil s'accompagnent d'une exagération de la sensibilité générale ou *douleur*, que l'animal accuse par la résistance qu'il oppose à l'exploration. Plus intense, cette douleur se traduit par la fièvre de réaction, et quelquefois même par des symptômes cérébraux. Par contre, on observe dans certains cas une insensibilité complète qui contraste avec la gravité des autres symptômes : c'est ainsi que l'on peut parfois toucher la cornée sans provoquer le moindre mouvement de défense, ou la plus faible contraction des paupières.

La douleur s'explique, comme partout, par la compression des filets nerveux : c'est lorsque celle-ci devient excessive que la souffrance fait place à l'insensibilité.

*B*). L'œil peut présenter un excès de sensibilité à l'action de son excitant normal : c'est ce que l'on désigne sous le nom de *photophobie*. Dans ce cas, l'animal recherche l'obscurité, et ferme instinctivement les paupières si on le conduit dans un endroit éclairé. La pupille de l'œil malade se présente aussi avec des dimensions restreintes.

On est porté à croire que le resserrement de la pupille est un indice de l'inflammation primitive des parties profondes de l'œil : j'ai fréquemment observé ce symptôme lors de kératite déterminée par le séjour d'un corps étranger entre les paupières ;

j'en ai également constaté l'existence dans des cas de kératite et de conjonctivite produites expérimentalement par le dépôt de substances irritantes, dont l'emploi antérieur n'aurait guère pu être soupçonné. Mais je dois ajouter que dans ces différentes circonstances, l'inflammation m'a paru se propager de l'extérieur à l'intérieur jusqu'à intéresser visiblement l'iris.

### Sécrétion lacrymale

Par suite des relations étroites qui existent entre l'œil et la glande lacrymale, il est aisé de comprendre que les maladies du premier doivent exercer une certaine influence sur les fonctions de la seconde. Toutefois, il est digne de remarque que la sécrétion lacrymale est d'autant plus abondante que l'irritation atteint des parties plus antérieures. Le larmoiement peut même se montrer nul dans certaines affections oculaires graves qui, siègeant près du pôle postérieur, laissent la cornée intacte.

La nature de l'écoulement est aussi variable que sa quantité : toutes les fois que la conjonctive n'est pas intéressée, les larmes sont d'une limpidité parfaite : elles se montrent, au contraire, plus ou moins mélangées de mucus ou de pus, — les cils peuvent être également agglutinés par la chassie, lorsque cette membrane et ses dépendances participent à l'inflammation.

Ce qui précède permet de juger que le larmoiement n'a pas une bien grande importance, au point de vue du diagnostic et de la gravité des maladies du globe oculaire.

### C). — *Symptomatologie*.

Ayant fait connaître, avec des détails suffisamment étendus, les modifications pathologiques que peuvent présenter les différents organes constitutifs du globe oculaire, je pourrai traiter d'une façon plus sommaire la partie relative aux symptômes, et me contenter d'énumérer ceux de ces derniers qui sont utiles pour l'établissement du diagnostic.

Fidèle à mon programme, je passerai en revue toutes les affections auxquelles pourrait être appliquée la qualification *d'ophthalmie interne*. C'est dire que je laisserai de côté les plaies du globe, ainsi que certaines variétés de kératite qui, n'intéressant que la surface ou une étendue limitée de la cornée, sortent des limites que je me suis imposées et ne peuvent, du reste en aucune façon, être confondues avec les *fluxions périodiques*.

#### Kératite.

L'inflammation aiguë de la cornée peut intéresser isolément ou simultanément les différentes couches dont cette membrane est formée : aussi est-on autorisé à reconnaître une *k. superficielle*, une *k. parenchymateuse*, une *k. profonde* et une *k. totale*.

Dans toutes ces affections, l'œil se montre larmoyant et plus ou moins fermé.

*A*). *Kératite superficielle*.—Cette maladie intéresse la couche épithéliale et la membrane de Bowmann. Elle est fréquemment le résultat d'irritations directes; mais elle peut aussi se montrer consécutivement à la *conjonctivite* : c'est alors que dans les cas présentant déjà une certaine intensité, l'on voit apparaître le premier plan de vaisseaux dont j'ai parlé précédemment.

Les ophthalmologistes reconnaissent une k. superficielle *circonscrite*, une k. superficielle *vasculaire* ou *pannus*, et une k. superficielle *vésiculaire* ou *herpès* de la cornée. Bien que ces affections existant à l'état isolé ou se rattachant à la conjontivite, soient susceptibles de présenter parfois une réelle gravité, nous ne pouvons nous en occuper plus longuement car elles n'appartiennent pas à la catégorie des ophthalmies *internes*.

*B). Kératite parenchymateuse ou interstitielle.* — Celle-ci consiste dans l'inflammation du tissu propre de la cornée : on doit lui reconnaître une forme *bénigne* et une forme *grave* qui peuvent se présenter isolées ou associées.

La première n'intéresse que la couche de tissu conjonctif située sous la membrane de Bowmann : se rattachant presque exclusivement à *l'iritis* dont elle est un symptôme, elle est également susceptible d'apparaître à la suite d'irritations extérieures et de donner lieu à l'iritis secondaire.

Nous n'envisagerons la kératite dont il s'agit que comme un symptôme de l'iritis spontanée ou de cause interne : la description de cette dernière affection suppléera à ce que celle de la kératite pourrait avoir d'incomplet.

Indépendamment d'un œdème grisâtre du pourtour de la vitre oculaire, la kératite interstitielle bénigne se caractérise encore par l'injection rayonnée du deuxième plan, qui se montre plus ou moins appréciable, plus ou moins riche, et dont les vaisseaux — on s'en souvient — continuent directement ceux de l'épisclère. La partie centrale de la cornée garde souvent sa transparence et laisse voir ce qui se passe dans la chambre antérieure.

Lorsque cette variété de kératite ne se complique pas de la suivante, la cornée ne présente jamais la coloration *verdâtre*.

Dans la *kératite parenchymateuse grave*, l'inflammation siège sur la couche moyenne de la cornée, — celle qui continue directement la sclérotique ; — aussi existe-t-elle souvent — sinon toujours en même temps que la *sclérite*, sans qu'il soit possible de savoir laquelle de ces affections est primitive.

Ici, l'œdème périphérique n'existe pas ; mais la cornée se montre plus ou moins nébuleuse, soit dans toute son étendue, soit à sa circonférence seulement ; en même temps l'on voit surgir, à partir du bord de la sclérotique, quelques vaisseaux relativement volumineux, mais clair-semés, qui se dirigent du côté du centre de la cornée et finissent en se ramifiant. J'ai dit les motifs qui doivent faire considérer ces vaisseaux comme provenant de la sclérotique elle-même.

L'*onyx* simple et l'*abcès cornéen* appartiennent à cette variété de kératite, mais ne se montrent pas d'une façon constante.

L'inflammation du tissu propre de la cornée ne saurait guère exister sans réagir sur la nature du contenu des chambres ; aussi est-il fréquent de constater un état floconneux de l'humeur aqueuse. Je crois même que les cas doivent être rares où ce dernier phénomène ne se produit pas : chez un jeune chien atteint de kératite interstitielle double, d'intensité moyenne, en même temps que de broncho-pneumonie, et qui a succombé à cette dernière affection, j'ai trouvé, dans le bas de chaque chambre antérieure, un petit flocon albumineux jaunâtre et mobile qui avait passé complètement inaperçu pendant la vie.

Mais lorsque la kératite interstitielle s'accompagne d'*onyx* simple ou suppuré, les symptômes de l'*aquocapsulite* sont des plus évidents. Après quelques jours, l'humeur aqueuse s'éclaircit par la précipitation des flocons qui étaient en suspension dans sa masse, et, selon les cas, le dépôt et l'onyx se résorbent peu à peu sans complication nouvelle; ou bien, au contraire, on voit l'humeur aqueuse se troubler une seconde fois avant son éclaircissement définitif. Il est permis d'admettre que ce nouveau trouble — qui, on se le rappelle, est loin d'être signalé comme constant dans la *fluxion périodique*, — est le résultat de l'ouverture de l'abcès cornéen dans la chambre antérieure, et du mélange consécutif du pus avec l'humeur aqueuse.

C'est dans le cours ou au déclin de la kératite interstitielle grave, que la cornée prend la coloration *verdâtre* pour la conserver ensuite pendant un temps plus ou moins long.

*C). Kératite profonde*. — Dans cette variété, l'inflammation est localisée sur la membrane de Descemet : on désigne même la maladie sous le nom de *Descemetitis*; et, comme la membrane dont il s'agit existe — réduite à son épithélium — sur toute l'étendue des parois des chambres, la *kératite profonde* porte encore le nom d'*aquo-capsulite*. Quelques-uns en ont même fait l'*iritis séreuse*.

Les symptômes de cette affection consistent notamment en un trouble plus ou moins marqué de l'humeur aqueuse, avec contraction de la pupille et formation ultérieure d'un dépôt stratifié de couleur blanc-jaunâtre. Lorsque la maladie se complique de kératite interstitielle grave, la nuance verte de la cornée donne à ce dépôt la couleur *feuille-morte*.

Il n'y a point d'exsudat sur les parois des chambres; cependant les ophthalmologistes signalent, notamment sur la moitié inférieure de la cornée, un pointillé particulier faisant saillie dans la chambre antérieure, et affectant une disposition triangulaire. On n'est pas encore d'acord sur la nature de cette lésion qui n'est guère visible qu'à l'éclairage latéral, et qui a valu à la kératite profonde le nom de *kératite ponctuée*.

L'*aquo-capsulite* n'étant en définitive autre chose que l'inflammation peu intense d'une partie quelconque des parois des chambres, nous complèterons ce qu'il y aurait à dire sur cette affection en parlant des maladies de l'iris.

*D). Kératite totale.* —Cette maladie, lorsqu'elle est due exclusivement à des causes internes, n'existe pas à l'état isolé et se montre plutôt consécutive que primitive. On l'observe dans l'ophthalmie générale ou glaucome sur-aigu que nous aurons à étudier plus loin.

Indépendamment de la réunion des symptômes qui caractérisent les kératites partielles, et qui la rattachent plus ou moins à la conjonctivite, à l'iritis et à la sclérite, la kératite totale présente encore les systèmes vasculaires qui indiquent une congestion excessive du corps ciliaire. De plus, la surface de la cornée se montre inégale, comme rugueuse, et, après une période d'extrême sensibilité, on peut voir survenir l'anesthésie complète.

Un exsudat se forme dans l'angle irido-cornéen, et peut amener dans ce point une adhérence plus ou moins étendue entre les deux membranes avoisinantes.

Déjà très grave par elle-même, cette affection motive un pronostic plus sérieux encore en raison des lésions profondes dont elle est l'expression.

**Sclérotite ou sclérite.**

Je considère comme chose absolument certaine que l'inflammation de la sclérotique peut exister par elle-même, et constituer une maladie *primitive* et *essentielle*. Toutefois, cette affection ne tarde guère à entraîner à sa suite de nombreuses complications. Très souvent aussi, la *sclérite* au lieu d'être primitive, ne fait que compliquer une maladie antérieure, — notamment la choroïdite.

Il est fort difficile de faire une description de la sclérite — soit primitive, soit consécutive — des animaux domestiques : d'une part, en effet, les sensations subjectives que peuvent éprouver les malades ne nous sont pas révélées ; et d'autre part, la maladie, en raison de son peu d'acuité et de sa marche extrêmement lente, ne donne pas toujours lieu dès son début à des symptômes objectifs qui soient suffisamment appréciables.

Néanmoins, je vais essayer de tracer un tableau mi-partie rationnel et clinique de la *sclérite primitive* : l'attention étant une fois appelée sur ce point important de la pathologie oculaire, il deviendra plus facile de saisir la maladie à ses débuts et d'en observer les manifestations ultérieures.

D'après les nombreuses autopsies que j'ai faites, je crois devoir distinguer une *S. antérieure*, une *S. postérieure*, une *S. équatoriale* et une *S. totale*.

*Sclérite antérieure*. — Les auteurs que j'ai sous les yeux ne consacrent que quelques lignes à l'inflammation de la sclérotique apparente de l'œil humain, et lui assignent pour premier symptôme une tache rouge-violacée située le plus souvent du côté externe et à proximité de la cornée, — tache qui ressemble assez à une ecchymose et ne présente pas

de vaisseaux distincts. On la voit pâlir et disparaître après un certain temps ; elle peut aussi se manifester sur un autre point, et occuper ainsi successivement toute la partie visible de la membrane
fibreuse.

Ces symptômes sont évidemment ceux d'une inflammation aiguë ; mais la sclérite me paraît affecter beaucoup plus souvent une marche chronique
pendant laquelle — surtout à son début — les phénomènes morbides sont très peu accentués.

Tous les auteurs sont d'accord au sujet de la
longue durée de la sclérotite ; Vidal ajoute même
qu'elle est très sujette à récidive.

Une kératite interstitielle plus ou moins intense
accompagne la sclérite antérieure et se manifeste
particulièrement à chaque poussée inflammatoire.

L'inflammation de la sclérotique ayant pour résultat de produire l'épaississement des parties malades en même temps qu'elle en amène la rétraction, on voit à la longue se manifester des
bosselures si l'inflammation ne siège que sur des
points isolés, ou un rétrécissement, — une dépression circulaire du limbe scléro-cornéen — si la
maladie a occupé toute la partie antérieure de la
sclérotique.

Très souvent, le travail inflammatoire interstitiel
gagne la périphérie cornéenne, et lui donne l'apparence de la sclérotique, de sorte que la membrane
transparente perd peu à peu de ses dimensions :
tantôt la cornée conserve la régularité de son contour ; tantôt, au contraire, celui-ci devient poly-
gonal.

La sclérite antérieure est susceptible de donner
lieu à une variété de glaucome ; néanmoins l'augmentation de la tension oculaire, avec les conséquences qu'elle entraîne, ne peut se produire que

très lentement, car la compression des petites veines *perforantes* ne saurait avoir une influence bien manifeste sur la circulation oculaire. Cependant, c'est peut-être là que réside la principale cause de l'hydropisie des chambres antérieure et postérieure.

Lorsque la compression devient assez forte pour mettre obstacle au cours du sang dans les vaisseaux artériels de même nom (artères *perforantes*), on voit les artères ciliaires antérieures se dilater peu à peu, et former à la surface de la sclérotique de volumineux cordons plus ou moins flexueux qui ne sauraient être confondus avec les vaisseaux de la conjonctive, car celle-ci ne les entraîne pas dans ses déplacements ainsi qu'elle fait des siens propres. Ce que l'on appelle, à tort, la disposition *variqueuse* des vaisseaux de la sclérotique est donc un indice de *sclérite antérieure*.

Nous avons vu que les artères ciliaires antérieures ne contribuent que pour une faible part à la formation du *grand cercle artériel de l'iris* : la connaissance de ce fait anatomique permet de comprendre comment la sclérite antérieure n'entraîne pas fatalement à sa suite l'atrophie du diaphragme oculaire.

*Sclérite postérieure.* — Elle est plus fréquente que la variété précédente, et entraîne à sa suite des conséquences beaucoup plus graves.

La rétraction de la sclérotique se combinant avec la compression des veines rétiniennes, produit tout d'abord le *glaucome chronique* : ces veines sont variqueuses ; la rétine est œdématiée, peut-être congestionnée. Avec le temps, les artères ciliaires postérieures et rétiniennes se trouvent comprimées à leur tour ; la rétine, plus délicate, se ressent la première du défaut de nutrition qui en résulte : le phénomène atrophique le plus aisément appréciable pour l'observateur, consiste dans la disparition progressive de la couche des cellules pigmentaires, et dans la décoloration du tapis, ce qui permet à l'œil malade de réfléchir une plus grande quantité de rayons lumineux, et en rend le fond plus brillant et parfois rougeâtre. Chez le chien et chez les ruminants, les divisions de l'artère centrale de la rétine diminuent progressivement de volume, et n'apparaissent plus à l'ophthalmoscope que sous forme de lignes rougeâtres très ténues.

Le nerf optique éprouve aussi les effets de la compression à son passage à travers la lame criblée. Il en résulte une atrophie de la papille dont les dimensions se restreignent de plus en plus : cette lésion, jointe à l'atrophie de la rétine, rend impossible et même inutile la fonction de transmission qui est dévolue au nerf optique ; aussi, est-elle fatalement suivie de la dégénérescence de ce dernier.

La sclérite postérieure amène, à la longue, un amoindrissement de volume du globe de l'œil ; néanmoins, je n'ai jamais vu la véritable phthisie oculaire succéder à cette maladie lorsqu'elle est *primitive* et qu'elle reste *essentielle,* c'est-à-dire exempte de complications inflammatoires du côté de la membrane uvéale.

*Sclérite équatoriale.* — Lorsque l'inflammation est limitée à la portion équatoriale de la membrane fibreuse, les veines vorticineuses — qui sont préposées à la sortie de la plus grande partie du sang amené par les artères ciliaires antérieures et postérieures, — éprouvent seules les effets de la compression : l'augmentation de la tension intra-oculaire avec toutes ses conséquences en est fatalement le résultat. Si l'inflammation ne s'étend pas aux régions traversées par les artères, il ne saurait se produire d'atrophie ; mais on verra, au contraire, le volume

14

du globe augmenter peu à peu. Ce développement sera d'autant plus rapide, et atteindra des proportions d'autant plus considérables, qu'un plus grand nombre de veines seront intéressées.

*Sclérite totale.* — Celle-ci, pour être plus rare que les variétés locales, est cependant encore assez fréquente, surtout chez le bœuf. Les symptômes auxquels elle donne lieu, peuvent être considérés comme l'exagération de ceux de la sclérite postérieure. Nous aurons à revenir sur ce sujet en étudiant le *glaucome chronique.*

### Iritis.

L'inflammation de l'iris peut être *simple* ou *exsudative*; les ophthalmologistes décrivent aussi une iritis *parenchymateuse* dont les caractères ne me paraissent pas différer suffisamment de ceux de l'iritis exsudative ou de l'*irido-choroïdite* pour en faire une variété distincte.

On sait que dans l'inflammation aiguë des séreuses, il est des cas où la membrane malade apparaît plus ou moins vascularisée, et d'autres où une vascularisation plus riche encore est couverte d'un exsudat adhérent. Souvent, ces deux états existent d'une façon simultanée sur des points différents ; mais, en toutes circonstances, la quantité du produit de sécrétion est augmentée, en même temps que des masses fibrino-albumineuses plus ou moins abondantes flottent librement dans son sein.

Or, les mêmes phénomènes morbides sont susceptibles de s'accomplir dans les chambres oculaires ; et, en ce qui concerne spécialement l'iris, son inflammation avec adhérence des exsudats constitue l'*iritis exsudative*, tandis que dans l'*iritis simple*, où l'inflammation est plus bénigne, cette adhérence n'existe pas.

*Iritis simple.* — Cette affection que les auteurs appellent iritis *séreuse*, donne lieu comme principal symptôme à un état floconneux de l'humeur aqueuse.

Je ne saurais trop insister sur ce point, à savoir : que l'inflammation d'une partie quelconque des parois des chambres produit le même résultat; et c'est ce qui explique la synonymie déjà signalée des expressions *kératite profonde, aquo-capsulite et iritis séreuse.* La connaissance exacte du siège de la maladie pourrait, seule, motiver le choix de l'une ou l'autre de ces dénominations; mais comme on n'est jamais certain que l'inflammation reste bornée à la cornée, à l'iris, au corps ciliaire ou à la capsule cristalline, il conviendrait peut-être mieux, en définitive, d'employer dans tous les cas d'inflammation légère des chambres, l'expression générique d'*aquocapsulite.*

Cette réserve faite, je reviens à la description de l'iritis *simple,* ou inflammation du premier degré.

Lorsque l'iris est réellement affecté, il présente, quelquefois dès le début, une nuance rougeâtre visible surtout près de son bord pupillaire. La couleur jaunâtre ou jaune-verdâtre que l'on observe souvent à la partie inférieure de l'iris, me paraît être le symptôme d'une affection plus profonde et plus grave que l'iritis simple.

La pupille est toujours contractée, et la dilatation que l'on constate dans la demi-obscurité, ou sous l'influence de l'atropine, ne s'effectue qu'avec lenteur et reste généralement incomplète : toutefois, elle est régulière.

Un signe extérieur de l'iritis, c'est l'injection des vaisseaux de l'épisclère qui se complique de kératite interstitielle bénigne : alors la cornée devient légèrement œdémateuse à sa périphérie, mais elle conserve habituellement assez de transparence à sa partie centrale pour qu'il soit possible de suivre les phénomènes qui s'accomplissent dans la chambre antérieure. On peut donc voir les filaments, les flocons qui flottent librement dans l'humeur aqueuse et y subissent des déplacements en rapport avec les mouvements du globe oculaire.

Ces coagulums sont en quantité variable : à peine visibles dans certains cas, ils peuvent, dans d'autres circonstances, remplir la chambre antérieure au point de produire momentanément la perte de la faculté visuelle. Ils sont habituellement de couleur blanchâtre ou jaunâtre ; mais si l'iritis est compliquée de kératite interstitielle grave, ils apparaissent avec la teinte feuille-morte.

Bientôt, les flocons obéissant aux lois de la pesanteur, se stratifient dans le bas de la chambre antérieure, et y forment un dépôt qui se résorbe peu à peu. Souvent, la résorption s'effectue en même temps que la précipitation ; le premier de ces phénomènes est quelquefois remarquable par sa rapidité : c'est ainsi que chez un cheval atteint d'*aquo-capsulite* double, avec exsudat remplissant la chambre et opposant un obstacle absolu au passage des rayons lumineux, j'ai vu la cécité ne durer que cinq jours, et l'exsudat disparaître entièrement sept jours plus tard dans l'un des yeux, et après neuf jours dans l'autre.

Peu à peu la rougeur de l'iris disparaît ; la pupille revient à ses dimensions normales ; il en est de même des vaisseaux épiscléraux qui cessent d'être visibles. Si l'exsudat présentait la couleur feuille-morte, le *fond* de l'œil influencé par la cornée, apparaît encore pendant un temps plus ou moins long avec une très légère teinte verdâtre, — celle du verre *vert*.

Dans l'*iritis simple*, et malgré la sécrétion morbide des chambres, la tension oculaire est souvent amoindrie, ce qui ne saurait s'expliquer que par le relâchement ou la paralysie momentanée du muscle ciliaire.

*Iritis exsudative ou plastique.* — J'ai dit en quoi consiste essentiellement cette maladie ; ses autres symptômes sont identiques à ceux de l'iritis simple.

Tantôt l'exsudat apparaît sous forme de flocons dont une extrémité est fixée au bord pupillaire, alors que l'autre flotte librement dans l'humeur aqueuse ; tantôt il s'étend en une membrane plus ou moins épaisse qui adhère par sa face profonde à l'iris. Ce dernier — pupille comprise — peut être entièrement couvert de sorte que la vision est abolie ; ou bien, la fausse membrane n'occupe qu'une partie de la demi-circonférence inférieure et simule un dépôt ou hypopion. Quelquefois, enfin, l'exsudat ne se produit que dans l'angle irido-cornéen, et coïncide avec une très vive inflammation de la périphérie de la vitre oculaire qui le dissimule à la vue de l'observateur : c'est ce qui se produit notamment dans le cas de glaucome sur-aigu. Les exsudats de la face postérieure n'existent guère que dans le cas d'irido-cyclite.

Ces différentes productions morbides ayant été précédemment étudiées d'une façon aussi complète qu'il m'a été possible de le faire, je crois n'avoir pas à m'en occuper davantage. Je rappellerai seulement que celles qui recouvrent la surface de l'iris semblent occuper tout l'espace compris entre cette membrane et la cornée ; quant à celles que l'on voit adhérer au bord pupillaire, elles diminuent de volume avec le temps sans disparaître d'une manière complète, et constituent le principal symptôme de l'*iritis chronique.* On se rappelle que l'exsudat pupil-

laire est susceptible de former une bride en se portant d'un bord à l'autre de la petite circonférence
irienne.

Un caractère d'une constatation facile permet de
distinguer l'*iritis pupillaire* de l'*irido-cyclite* dont il va
être fait mention : dans le premier cas, — sauf
adhérence des bords,— la dilatation de la pupille
peut, à la vérité, s'effectuer lentement et d'une façon
incomplète sous l'influence de l'atropine; mais elle
reste *régulière* et *centrale*, tandis que, souvent, elle
devient irrégulière en même temps qu'elle subit un
déplacement, lorsqu'il existe des adhérences ou
synéchies postérieures.

**Irido-cyclite; Irido-cyclo-capsulite**

L'inflammation exsudative qui intéresse à la fois
l'iris et le corps ciliaire, et qui se traduit par une
formation de matière plasmatique adhérant de part
et d'autre à ces deux organes, constitue l'*irido-cyclite*.
Dans l'*irido-cyclo-capsulite*, la cristalloïde participe à
l'état morbide.

Aux symptômes de l'iritis, — larmoiement, injection de l'épisclère, kératite interstitielle, trouble de
l'humeur aqueuse, dépôt qui se montre parfois sanguinolent, contraction de la pupille, flocons s'échap-
pant par cette ouverture, diminution de la tension
oculaire, — il faut ajouter une vive sensibilité de la
région ciliaire témoignée par la résistance qu'oppose
l'animal à l'exploration ; il faut ajouter encore la
fixation de l'iris par sa face postérieure, qui en rend
le relâchement difficile ou même impossible, soit
d'une façon spontanée, soit par l'action de l'atropine. Et lorsque la pupille s'ouvre enfin, on constate qu'elle a perdu sa forme régulière ainsi que sa
position centrale. Les adhérences se produisant gé-

néralement en bas, la moitié supérieure de l'iris cède davantage, et la pupille se porte en haut.

De telles adhérences ne peuvent être combattues avec quelque chance de succès qu'au début; plus tard, elles sont irrémédiables, et l'on sait que les ophthalmologistes les considèrent à la fois comme indice et comme cause de récidive.

### Cyclite antérieure; Cyclo-capsulite.

Ces affections ne diffèrent des précédentes que par l'absence de participation de l'iris à l'inflammation exsudative. Sauf les synéchies postérieures qui ne sauraient se produire, les autres symptômes sont identiques.

Les suites de la cyclo-capsulite consistent surtout en opacités plus ou moins étendues de la cristalloïde par suite de l'organisation des exsudats qui s'étaient formés à sa surface. La position de ces opacités qui sont situées sur le même plan que l'ouverture pupillaire, permet de les distinguer de toutes autres intéressant soit la cornée, soit le cristallin lui-même, soit le corps vitré.

L'inflammation de la cristalloïde antérieure peut également se traduire par une exsudation plastique de sa face profonde, dont la conséquence est une dégénérescence de la substance propre. A ce titre, l'exsudat de la face externe est moins grave, car il peut avec le temps acquérir une certaine translucidité.

### Cyclite postérieure (Irido-choroïdite).

Le corps ciliaire comme l'iris, comme la cristalloïde antérieure, est susceptible de se couvrir de productions pseudo-membraneuses sur ses deux faces: j'appelle *cyclite postérieure* l'inflammation se traduisant par la formation et l'organisation d'un exsudat sur la face postérieure des procès ciliaires. On pourrait également lui donner le nom d'*irido-choroïdite* qui, tout en indiquant la participation de l'iris à l'état maladif, fait comprendre que l'inflammation siège plus profondément que dans le cas d'irido- cyclite.

Cette grave maladie s'annonce par les symptômes extérieurs que nous avons fait connaître à propos de l'iritis, de l'irido-cyclite, etc.; il y a également diminution de la tension oculaire, trouble de la cornée, et formation d'un dépôt fibrino-albumineux dans la chambre antérieure; la pupille hermétiquement close ne permet pas de longtemps l'exploration du fond de l'œil ; de plus, on observe une grande sensibilité de la région ciliaire à la moindre pression, et l'iris se montre jaunâtre ou jaune-verdâtre à sa partie inférieure, en même temps qu'il y paraît légèrement déprimé.

Lorsque la pupille se dilate enfin, on aperçoit au-delà du cristallin des filaments blanchâtres, très déliés et mobiles, qui constituent autant de dépendances de la fausse membrane superposée aux procès ciliaires.

Il est aisé d'apprécier, au point de vue de la profondeur, la situation réelle de ces filaments : il suffit de prendre la pupille pour point de repère. Leur mobilité indique que le corps vitré a perdu sa consistance; souvent aussi, ce dernier organe a pris une teinte jaunâtre ou verdâtre.

La cyclite postérieure est sujette à récidive, et entraîne souvent, comme complication, le détachement du cristallin qui s'était d'abord montré plus ou moins lésé dans sa transparence.

Lorsque la rupture des attaches du cristallin s'est effectuée, l'organe tombe dans le bas du compar-

timent de l'humeur vitrée où il forme une tache jaunâtre plus ou moins mobile. Quelquefois, au contraire, il franchit l'ouverture pupillaire et vient se
loger entre l'iris et la cornée où il est aisément re-
connaissable. Nous avons vu que dans cet état, le
cristallin n'a aucune tendance à se résorber.

L'iris de l'œil qui a subi une semblable lésion, se
montre *flottant*, c'est-à-dire qu'il présente, dans le
sens antéro-postérieur, une mobilité anormale qui
s'explique par la disparition du point d'appui que lui
constituait le cristallin.

Indépendamment des symptômes précédents, la
luxation cristalline se reconnaît encore à un état
particulier du globe qui permet au regard de l'observateur d'y plonger profondément : cela s'explique
par la perte presque complète de sa propriété de réfraction, — propriété due, comme l'on sait, pour la
plus grande partie au cristallin.

La cyclite postérieure existe rarement seule : on
peut constater en même temps les symptômes ou les
lésions de l'iritis plastique, de la sclérite, de la paralysie de l'iris, de l'atrophie rétinienne, de la dégénérescence du corps vitré, etc.

### Choroïdite antérieure (irido-choroïdite).

Cette affection n'est en réalité que l'exagération
de la précédente, aussi le même synonyme — *irido-
choroïdite* — lui est-il applicable. L'inflammation occupant une plus large surface, et l'exsudation se
montrant plus abondante, la tension oculaire est un
peu supérieure à la normale, mais sans atteindre
au glaucome. Sauf cette différence, les symptômes
extérieurs sont ceux de la *cyclite postérieure*.

Lorsque l'état du globe oculaire permet enfin d'en
explorer les profondeurs, on constate qu'il existe en

arrière du cristallin, — et paraissant faire corps avec lui, — un écran de couleur gris-cendré ou jaunâtre, selon son épaisseur, qui oppose un obstacle insurmontable à l'examen des parties situées au-delà.

Cet écran semble formé de filaments diversement entre-croisés : par l'anatomie pathologique, nous savons qu'il n'est autre chose que la partie centrale d'une fausse membrane qui adhère aux procès ciliaires, et forme dans l'œil une cloison transversale complète.

La très grave lésion dont il s'agit, suffirait déjà par elle-même à anéantir la vision ; mais il en existe d'autres plus graves encore, s'il est possible. Ce sont la dégénérescence du corps vitré, le décollement suivi de la destruction de la rétine, et l'atrophie consécutive du nerf optique. C'est l'humeur vitrée dégénérée qui, vue à travers la fausse membrane mince, fait paraître celle-ci de couleur cendrée.

La choroïdite antérieure est sujette à récidive ; de plus, l'inflammation a beaucoup de tendance à gagner en profondeur et à envahir la sclérotique : c'est la scléro-choroïdite antérieure. La maladie qui s'était d'abord révélée par un ou plusieurs accès très aigus, marche désormais d'une façon lente, insidieuse, mais n'en amène pas moins avec certitude la phthisie des parties antérieures du globe, dont l'innervation et la circulation s'affaiblissent de jour en jour et finissent par être anéanties. Ce résultat est dû à la compression des nerfs ciliaires, ainsi qu'à celle des artères ciliaires antérieures ; toute communication cesse entre celles-ci et les ciliaires longues postérieures. Comme lésions finales, on observe l'opacité et souvent la luxation du cristallin, la paralysie et l'atrophie de l'iris, la diminution de l'humeur aqueuse suivie de l'amoindrissement de la capacité des chambres, et déterminant enfin le retrait, avec plissement, de la cornée et de la sclérotique.

### Choroïdite postérieure.

Dans la *choroïdite postérieure*, l'inflammation s'est localisée sur la choroïde proprement dite dont le système artériel est, comme l'on sait, à peu près complètement indépendant. C'est ce qui explique l'absence presque absolue, dans le cours de cette maladie, de phénomènes inflammatoires intéressant l'hémisphère antérieur.

En effet, à part une contraction plus ou moins prononcée et plus ou moins durable de la pupille, motivée par la sensibilité de l'œil malade à la lumière, il n'existe, dans la *choroïdite postérieure*, ni larmoiement, ni injection des vaisseaux de l'épisclère, ni trouble de la cornée, ni état floconneux de l'humeur aqueuse; mais, de même que dans la *choroïdite antérieure*, et pour les mêmes motifs, la tension oculaire est augmentée.

Bientôt, le rôle de l'iris devient inutile, et la pupille ne tarde pas à se dilater, — quelquefois même avec excès, car un épanchement s'est formé au sein de l'humeur vitrée et l'a rendue impénétrable aux rayons lumineux : la vision est donc abolie.

A ce moment, l'exploration de l'œil malade par les moyens les plus élémentaires, permet de constater que son *fond* reflète une teinte vert-bouteille — indice de la dégénérescence du corps vitré; quelquefois la nuance est jaunâtre, ce qui peut être dû, soit à l'humeur vitrée elle-même, soit à la fausse membrane qui est allée tapisser le fond de l'hémisphère postérieur.

A l'éclairage direct, on reconnaît que l'humeur vitrée devenue nuageuse, ne se laisse plus que très difficilement traverser par les rayons lumineux; aussi est-il impossible de distinguer la papille avec quelque netteté. Plus tard, le milieu quoique dégénéré, peut redevenir perméable à la lumière; mais on n'aperçoit plus qu'un fond jaunâtre, d'apparence tomenteuse.

Dans l'intervalle, on aurait pu constater les phases du décollement de la rétine par le retrait de l'exsudat : « Avec le miroir ophthalmoscopique, on observe dans une partie du fond de l'œil, un reflet inaccoutumé grisâtre ou bleu-verdâtre. Cette partie du fond de l'œil, présente des plissements et des ondulations lorsque le malade change la direction de son regard... (1) »

Je n'ai pas eu, jusqu'à présent, l'occasion d'observer ces intéressants phénomènes.

De même que nous l'avons vu dans la *choroïdite antérieure*, l'inflammation peut se propager de la partie postérieure de la membrane uvéale à la sclérotique adjacente, ce qui produit la *scléro-choroïdite postérieure*. Désormais, on peut très bien n'observer aucune poussée aiguë, aucun *accès*, ce qui n'empêche pas la diminution de la masse du corps vitré de se produire avec le temps, et d'entraîner à sa suite le ratatinement des parties du globe qui le renferment.

L'atrophie s'étend même à l'hémisphère antérieur; mais elle y est proportionnellement moins rapide, et il n'est pas rare de voir, dans ce cas, la cornée conserver des dimensions, et la chambre antérieure, une profondeur relativement considérables.

---

(1) E. Meyer, *Traité pratique des maladies des yeux.*

**Rétinite; Papillite; Névrite optique.**

Les maladies inflammatoires isolées de la rétine, de la papille et du nerf optique ne sont encore pour nous que des variétés d'amauroses, car elles ne donnent guère lieu qu'à des symptômes fonctionnels, et, par conséquent, purement subjectifs. Certaines d'entre elles, comme la *congestion* et *l'apoplexie* de la rétine peuvent cependant se reconnaître à l'examen ophthalmoscopique : la première, à la dilatation du réseau rétinien et à la stagnation du sang attestée par la couleur noire des vaisseaux; la seconde, à des taches hémorrhagiques plus ou moins nombreuses et étendues.

J'ai constaté moi-même, de la façon la plus nette, un cas de congestion rétinienne chez un cheval; je n'ai jamais observé les lésions de l'apoplexie.

Je ne fais que mentionner ces affections, trop peu étudiées encore, et que la pratique de l'ophthalmoscopie permettra seule de bien connaître.

**Glaucome.**

J'ai donné plus haut (page 111) la définition de cette maladie, telle qu'on la comprend aujourd'hui : je rappelle que son caractère essentiel consiste dans l'augmentation de la pression intra-oculaire, dont la mesure est donnée par le plus ou moins de dureté du globe.

Nous savons que cette augmentation de pression entraîne des conséquences importantes relatives au volume de l'organe, à sa forme générale, à la forme de la papille; — relatives aussi à la circulation et à l'innervation tant générale que fonctionnelle.

Les ophthalmologistes distinguent plusieurs variétés de *glaucome* : un *G. aigu*, un *G. chronique inflam-*

*matoire* et un *G. chronique simple*. Les nombreuses causes que j'ai fait connaître comme capables d'augmenter la tension oculaire, justifient complètement cette division. Toutefois, j'emploierai les qualificatifs de *sur-aigu, aigu* et *chronique* qui me semblent plus en rapport avec l'état réel des choses.

*Glaucome sur-aigu.* — Le glaucome sur-aigu auquel on donne parfois le nom de *foudroyant* pour indiquer la rapidité de sa marche, paraît consister en une congestion générale et soudaine — quelquefois même une apoplexie — du système vasculaire sanguin de l'œil.

Le nom d'*ophthalmite*, avec la signification d'inflammation générale du globe oculaire me paraît parfaitement applicable à cette affection. C'est aussi le *phlegmon oculaire* lorsqu'elle se termine par suppuration, et que celle-ci se fait jour au dehors.

Chez l'homme, le glaucome aigu serait, dans la majorité des cas, précédé de prodrômes qui doivent exister également chez nos animaux, mais sur lesquels notre attention est rarement appelée : ce sont notamment des douleurs péri-orbitaires, des troubles passagers de la vue, avec lesquels coïncide un léger trouble de la cornée et de l'humeur aqueuse ; *en même temps, on observe une dilatation légère et une certaine paresse de la pupille.*

Ces symptômes disparaissent et peuvent se manifester de nouveau à plusieurs reprises jusqu'au moment où l'on constate enfin la véritable attaque glaucomateuse. Celle-ci a lieu d'une façon subite et, quelquefois, véritablement foudroyante. Très souvent, c'est pendant la nuit qu'elle se manifeste : la même particularité est signalée chez l'homme. Il n'est pas rare que, surpris par la douleur ou la perte instantanée de la vue, l'animal se livre subitement à des mouvements désordonnés et brise sa longe ou son licol. Le trouvant détaché, et constatant que ses yeux sont malades, on est tout disposé à attribuer l'état de ceux-ci à quelque contusion, au lieu d'y voir la cause même des mouvements dont le bruit a pu faire accourir.

Je crois ne pouvoir donner une idée plus exacte de la maladie, qu'en reproduisant une observation recueillie dernièrement à la clinique de l'Ecole.

Dans la matinée du 18 juin 1883, un propriétaire de la banlieue de Lyon se rendant en ville, constatait que sa petite jument, — de race bressane, âgée d'environ treize ans, — après avoir parcouru, à peu près convenablement, environ deux kilomètres au petit trot, s'arrêtait tout à coup pour ne reprendre son allure qu'avec une sorte d'hésitation, et s'arrêter encore. Etant descendu de voiture afin de se rendre compte de ce qui se passait, ce propriétaire fut très étonné de voir que les yeux de sa jument étaient presque fermés, très larmoyants, et, selon son expression, *entièrement blancs*. Cependant, rien, dans l'état de ces organes, n'avait attiré l'attention d'aucune des personnes de la maison pendant les préparatifs du départ.

Conduite directement à l'Ecole où elle est arrivée pendant la consultation, — le trajet, depuis la maison, avait demandé environ une heure et demie, — la jument a présenté les symptômes suivants :

Les paupières très tuméfiées ferment presque complètement les yeux ; il y a déjà une forte infiltration du tissu conjonctif sous-muqueux, ou *chémosis*, et la conjonctive moyennement injectée tend même à faire hernie entre les paupières. Les larmes s'écoulent abondantes et limpides ; les cornées, de couleur blanchâtre, sont déjà opaques, mais sans vascularisation appréciable ; il est impossible de juger de l'état des milieux oculaires. Le toucher révèle une augmentation notable de tension : la dépressibilité du globe est presque nulle. Inutile d'ajouter que la vision est éteinte d'une façon complète.

L'artère est dure et le pouls accéléré.

Par suite de cette maladie qui est survenue d'une façon aussi soudaine, la malade très douce d'ordinaire, se montre particulièrement défiante et irritable : le seul voisinage d'une personne étrangère suffit à provoquer le cabrer ou les ruades.

Le 19, les paupières sont un peu plus écartées et la muqueuse moins boursouflée ; le larmoiement, extrêmement abondant, est devenu muco-purulent ; la cornée présente toujours une opacité complète ; la tension intra-oculaire a encore augmenté.

Les 20 et 21, aucun changement local appréciable ; la malade s'habitue à son état et ne cherche plus à frapper.

22 : le larmoiement a sensiblement diminué ; le chémosis a disparu ; un anneau rougeâtre, de quatre à cinq millimètres de largeur, occupe la périphérie de chaque cornée ; on dirait qu'il existe à la partie inférieure un épanchement sanguin ou *hypohéma*, tellement le rouge s'y montre intense. Les cornées sont complétement anesthésiées : peut-être ce phénomène remonte-t-il à plusieurs jours, mais il n'a pas été recherché ; en tous cas, il semble être plus prononcé à droite qu'à gauche. En raison de cet état, on peut se livrer à un examen plus complet, et l'on voit que l'anneau péri-kératique est constitué par des vaisseaux rayonnés du troisième plan, — c'est-à-dire des vaisseaux volumineux qui ne se prolongent pas la surface de la sclérotique.

La tension intra-oculaire paraît être moins forte à gauche que les jours précédents.

23 : on aperçoit dans la moitié inférieure de la cornée gauche, un œdème de couleur verdâtre ; la partie supérieure de cette même membrane s'est un peu éclaircie, et permet de voir que la pupille est moyennement dilatée ; l'animal aperçoit les objets placés un peu haut.

L'œil droit ne s'améliore en aucune façon ; la cornée, complétement insensible, se montre rugueuse à sa surface et semble privée de son épithélium.

Du 24 au 27, l'écoulement muco-purulent a cessé ; amélioration progressive de l'œil gauche dont la cornée recouvre peu à peu sa transparence, sauf à la périphérie ; la pupille de ce même œil donne des signes certains de sensibilité ; le *fond* de l'organe apparaît à la lumière naturelle avec une coloration verdâtre due très probablement à la teinte de la cornée.

Etat à peu près stationnaire de l'œil droit ; sa cornée semble même subir une désorganisation superficielle : elle est toujours insensible.

30 : l'état de l'œil droit fait craindre la terminaison par suppuration ; la cornée de l'œil gauche est redevenue assez transparente pour permettre l'examen ophthalmoscopique ; néanmoins cette membrane reflète toujours une nuance verdâtre : je puis constater la parfaite transparence de tous les milieux ; la papille a perdu sa forme elliptique pour devenir circulaire ; le réseau des vaisseaux rétiniens est plus aisément appréciable du côté du tapis ; on voit même à proximité de la papille plusieurs vaisseaux qui sont nota-

blement distendus, et présentent en outre une coloration noir-bleuâtre très remarquable.

Je n'ai malheureusement pas revu l'animal depuis ce jour. Le traitement avait surtout consisté en une saignée générale avec scarifications du chémosis; en frictions mercurielles sur les régions périorbitaires, dérivatifs sur le tube digestif, sétons aux joues, etc.

En résumé, ce qui caractérise le glaucome sur-aigu, — indépendamment de l'intensité vraiment alarmante des symptômes inflammatoires extérieurs, — c'est la soudaineté de l'attaque, la dureté du globe oculaire et l'insensibilité de la cornée. Il faut y joindre la dilatation de la pupille qui contraste avec l'état maladif de l'œil, et que l'on ne peut guère constater que pendant la période prodromique, ou sur la fin de l'attaque, lorsque la cornée s'est éclaircie.

Ces symptômes sont le résultat d'une congestion soudaine et générale du système sanguin oculaire, combinée avec la résistance qu'oppose la sclérotique : il y a *étranglement* de l'œil. Un pareil état primitif doit s'aggraver par la sur-activité imprimée aux sécrétions oculaires; il peut se compliquer d'hémorrhagie sous-rétinienne, et peut-être d'épanchement fibrino-albumineux dans le corps vitré.

La *résolution*, l'*amaurose*, la *suppuration*, le *glaucome chronique* en constituent les terminaisons. Il convient d'y joindre également celles de la choroïdite exsudative que nous avons fait connaître.

*Glaucome aigu.* — Le *glaucome chronique inflammatoire* des auteurs ne diffère guère, extérieurement, de celui que nous venons d'étudier, que par une intensité moindre dans les symptômes et une marche moins rapide : c'est pourquoi je n'hésite pas à le qualifier de *G. aigu.* Il est vrai que, dans quelques cas, il n'existe ni larmoiement, ni trouble de la cornée ou de l'humeur aqueuse; mais l'exsudation plastique qui pénètre le corps vitré et lui ôte toute transparence, suffit à différencier cette variété du véritable *G. chronique* dans lequel les milieux ne sont jamais troublés.

Anatomiquement, le glaucome aigu n'est donc qu'une *choroïdite exsudative générale*, ou *cyclo-choroïdite*, d'une durée relativement longue, et dont les produits particulièrement abondants augmentent peu à peu la masse du corps vitré. La sclérotique tout d'abord distendue, cède lentement sous la pression constante et progressive, ce qui produit un symptôme nouveau : l'augmentation de volume du globe oculaire.

D'après mes observations, plusieurs attaques d'iritis simple peuvent précéder celle de glaucome aigu, et préparer en quelque sorte le terrain : souvent alors, cette dernière maladie apparaît à l'improviste et sans manifestations extérieures. Quelquefois, son début se rattache à l'apparition d'une kératite qui semble insignifiante comme gravité.

Indépendamment du larmoiement, de la kératite légère et du trouble de l'humeur aqueuse qui, je l'ai dit, peuvent manquer, les symptômes du glaucome aigu consistent tout d'abord en une contraction de la pupille qui dure jusqu'au moment où la dureté du globe commence à se prononcer. A ce moment, le resserrement pupillaire cède pour faire place à une dilatation qui s'effectue progressivement, et atteint en dernier lieu les limites de celle que produit l'atropine. Alors, la dureté du globe oculaire est comparable à celle d'une bille de marbre ; son volume peut augmenter dans des proportions considérables. Le cristallin chassé par le corps vitré, s'est rapproché de la cornée devenue insensible. Malgré cet état, l'animal ne semble pas trop souffrir.

Les terminaisons du glaucome aigu sont celles de la choroïdite exsudative. En tous cas, la perte de la vue est fatale, soit en raison de la présence de l'exsudat dans le corps vitré, soit en raison de la paralysie rétinienne consécutive à la compression trop longtemps et trop fortement ressentie par la membrane nerveuse.

La dilatation exagérée et l'immobilité de la pupille, la couleur jaunâtre ainsi que l'aspect plus brillant du fond de l'œil, sont les symptômes apparents qui, plusieurs semaines après l'attaque de glaucome, attirent généralement l'attention de l'observateur.

*Glaucome chronique.* — Dans cette affection, la limpidité des milieux n'est pas troublée : sous ce rapport, le glaucome chronique fait donc partie de la classe des *amauroses*.

On l'observe beaucoup plus fréquemment chez les animaux des espèces bovine et canine que chez le cheval ; il est la conséquence de l'inflammation de la sclérotique qui a été étudiée antérieurement.

On se rappelle que la sclérite limitée à la région équatoriale, amène l'augmentation progressive et permanente du volume de l'œil ; au contraire, lorsque la maladie intéresse les régions traversées par les artères ciliaires, la nutrition languit et le globe oculaire s'amoindrit : il y a donc, en réalité, deux variétés de glaucome chronique : 1° avec *augmentation* ; 2° avec diminution du volume de l'œil.

Malgré cette différence si remarquable, et quelques autres d'une moindre importance que j'aurai à signaler, il s'agit bien d'une seule et même affection dont l'excès de pression intra-oculaire constitue le symptôme dominant.

A mesure que ce dernier se développe, et en raison même de son intensité et de sa durée indéfinie, la *lame criblée*, moins résistante que les autres points de la sclérotique, cède peu à peu et se trouve portée en arrière en donnant lieu à la disposition en infundibulum ou *excavation* de la papille. Je n'ai rencontré qu'une fois ce symptôme chez le cheval, et encore était-il loin d'avoir la netteté qu'il présente chez le bœuf où il est fréquent.

L'examen ophthalmoscopique permet de reconnaître l'excavation papillaire : parmi les caractères observés, je signalerai surtout la disposition des vaisseaux rétiniens qui, chez le bœuf et chez le chien, forment un coude ou semblent interrompus à la périphérie de l'infundibulum.

L'excès de pression intra-oculaire amène avec le temps la désorganisation de la rétine, ainsi que la dilatation progressive de la pupille et enfin son immobilité absolue. Dans le glaucome avec diminution du volume de l'œil par sclérite postérieure, on se rappelle que la rétine est aussi atteinte dans sa nutrition : il en résulte que la vision peut être perdue par l'atrophie de cette membrane, avant que les nerfs ciliaires n'aient éprouvé un dommage appréciable du fait de la compression ; aussi est-ce avec surprise que l'on voit coïncider la conservation des mouvements de l'iris, et la parfaite transparence des milieux avec une cécité absolue. Dans différentes circonstances, j'ai très nettement constaté cet état chez le chien.

Dans les cas plus fréquents chez le cheval que chez les autres animaux, de glaucome chronique avec exagération du volume de l'œil, il n'est pas rare d'observer une demi-opacité générale de la cornée. Lorsque le développement anormal de l'œil est dû à une hydropisie du corps vitré, l'iris et le cristallin se portent en avant au détriment de la capacité des chambres, et viennent se mettre en rapport avec la

cornée. Si l'état de cette dernière membrane le permet, il est fréquent de voir le cristallin opaque et
les bords de la pupille amincis et déchiquetés.

#### Hypopion.

On désigne sous ce nom une collection purulente
du bas de la chambre antérieure. Par extension, les
vétérinaires appellent *hypopion* tout dépôt plus ou
moins blanchâtre, jaunâtre, jaune-verdâtre et
quelquefois même strié de sang, qui existe ou *paraît
exister* dans ce même compartiment oculaire.

Si l'on ne tient pas compte de certains caractères
que j'ai essayé de préciser, il n'est pas facile, en effet,
de déterminer d'une façon exacte la position occupée
par ces dépôts, et plus d'une fois l'*unguis* et les abcès
cornéens ont été pris pour un précipité de l'humeur
aqueuse. J'en dirai autant des exsudats adhérents
limités de la partie inférieure de l'iris.

Follin dit que l'on ne doit pas envisager l'hypopion comme une maladie spéciale, mais simplement comme un symptôme commun à plusieurs
maladies tout-à-fait différentes dans leur nature.

Tout en adoptant complètement cette manière de
voir, il me paraîtrait rationnel d'établir une distinction entre les dépôts stratifiés ou plus ou moins glo-
buleux, de nature fibrino-albumineuse, — qui se
forment sur place par suite de l'inflammation d'une
partie quelconque des parois des chambres, — et
les précipités de nature purulente qui font irruption
tout à coup, dans ces mêmes chambres, après s'ê-
tre formés au loin. Désignant les premiers sous les
noms de dépôts *stratifiés* ou dépôts *fibrino-albumineux* tirés de leur disposition ou de leur nature, je
réserverais celui d'*hypopion* à la véritable collection
purulente; et comme celle-ci constitue presque

le seul symptôme de la maladie dont elle est l'expression, je n'hésiterais pas à qualifier du nom d'hypopion la maladie elle-même.

L'*hypopion* sera donc une affection oculaire caractérisée par l'apparition soudaine du pus dans la chambre antérieure, sans inflammation appréciable des parois de cette chambre.

J'ai dit les motifs qui me font admettre, sauf erreur démontrée, que le pus se forme dans les lames conjonctives de la *lamina fusca*.

Cette maladie est décrite, par Hamon, dans les termes suivants que j'ai déjà reproduits précédemment : « Il y a des cas où, brusquement, les yeux parfaitement beaux la veille, se remplissent le lendemain, sans inflammation préalable, d'un dépôt albumineux, ayant une teinte jaune feuille-morte, qui occupe toute la moitié inférieure de la chambre antérieure, et qui est tellement visible qu'on l'aperçoit à dix pas de distance, tant il tranche sur les autres teintes de l'œil. Ce qu'il y a de singulier dans ces cas, c'est que les paupières ne sont pas tuméfiées, qu'elles ont presque leur teinte et leur degré d'ouverture normale, et que la cornée lucide demeure parfaitement transparente. L'animal ne paraît nullement souffrir de cette affection qui est une ophthalmie rémittente parfaitement caractérisée, et qui amène promptement la perte de la vue. La résorption de ce produit épanché s'opère toujours, dans ce cas, au bout de quelques jours et sans nouveau trouble de l'œil, tout en laissant dans ce dernier organe des traces profondes de son passage..... »

Sauf la qualification d'*albumineux* donnée au dépôt, cette description est parfaitement exacte ; il me suffira, pour la compléter, de donner la relation d'un cas d'*hypopion* observé sur un cheval âgé de

huit ans, admis en janvier dernier dans nos infir-
meries pour cause de claudication (effort du boulet).

Depuis l'entrée de cet animal, remontant à quelques jours, rien n'avait encore attiré l'attention du
côté de la vue, lorsque, le 10, on constata l'état suivant :

L'œil droit est à demi-fermé ; les poils du larmier, légèrement
adhérents entre eux, indiquent qu'il y a eu un peu de larmoiement
la veille ou pendant la nuit. La cornée présente un léger trouble
qui s'accuse par différentes surfaces ardoisées, distantes les unes
des autres, et au centre de chacune desquelles se ramifie un vaisseau qui était parti simple de la périphérie. Ceux de l'épisclère
sont très peu injectés.

Un hypopion volumineux se voit dans le bas de la chambre antérieure ; il est jaunâtre, non stratifié, très homogène, à bord supérieur horizontal et mobile selon les mouvements de l'œil ou de
la tête. Les vaisseaux de la cornée s'aperçoivent très nettement
en face de lui : on croirait, vu leur situation profonde, qu'ils lui
appartiennent en propre.

La pupille est très resserrée ; l'œil peu sensible au toucher,
semble moins consistant, moins ferme que le gauche : sa tension
intérieure est un peu diminuée.

De jour en jour, l'hypopion diminue sensiblement, sans que l'on
puisse constater quoi que ce soit qui ressemble à un trouble de
l'humeur aqueuse. Le 14, il est déjà très peu apparent, et ne forme
plus qu'une traînée linéaire près de la circonférence de la cornée.
Ce jour, on constate l'apparition d'une légère teinte jaunâtre à la
partie inférieure de l'iris.

Jusqu'au 21, cette couleur s'est élargie en devenant plus distincte ; la surface qu'elle occupe semble légèrement déprimée. La
pupille n'est pas encore dilatée ; la cornée, toujours vascularisée,
est un peu bleuâtre ; l'hypopion a totalement disparu.

Le 2', après instillation de quelques gouttes d'une solution de
sulfate d'atropine, on constate un commencement de dilatation
de la pupille : toutefois, celle-ci n'est pas régulière, car son bord
inférieur est retenu en arrière et du côté interne par une
*synéchie*.

Le 23, après une nouvelle instillation, la pupille s'est encore
un peu agrandie, mais par la seule rétraction de la moitié supérieure de l'iris : ce qui prouve une adhérence totale de la moitié
inférieure. Le bord supérieur de la pupille semble s'amincir et
avoir de la tendance à se déchiqueter ; son union au bord infé-

rieur se fait du côté externe par un angle aigu. Le *fond* de l'œil présente la teinte *cul-de-bouteille*.

Le 30, l'iris a presque repris sa couleur habituelle ; les autres symptômes n'ont subi aucune modification. L'animal est retiré des hôpitaux.

Au dire du propriétaire, l'œil dont l'état vient d'être décrit, aurait été malade à plusieurs reprises depuis un an qu'il possède le cheval. La *synéchie postérieure* indique évidemment une ancienne *irido-cyclite*.

L'œil gauche ne présente encore aucune lésion visible.

#### Cataracte.

La cataracte n'est autre chose qu'une opacité plus ou moins complète, — générale ou partielle du cristallin.

En étudiant les lésions que cet organe est susceptible de présenter, j'ai dit que l'opacité peut intéresser la capsule ou le tissu propre ; elle peut aussi être mixte. Sans vouloir faire une description complète de la maladie, il me paraît utile d'insister de nouveau sur la distinction des cataractes en *capsulaires*, *mixtes* ou *nucléaires*. Les deux premières variétés, très fréquentes chez le cheval, sont la conséquence de l'inflammation exsudative de la cristalloïde qui, elle-même, existe très souvent en même temps que la *cyclite*, *l'irido-cyclite* ou la *choroïdite*. Au contraire, dans la cataracte *nucléaire* qui se développe généralement d'une façon lente et insidieuse, la membrane cristalline reste indemne d'inflammation aussi bien que les organes avoisinants.

Chez l'homme, au dire de Vidal (de Cassis), le cristallin prendrait à partir de vingt-cinq ans une teinte jaune qui, avec l'âge, devient plus foncée. En traitant des lésions que peut présenter cet organe chez nos animaux, et surtout chez le cheval, j'ai parlé d'une teinte identique ou même verdâtre qui résulte également de l'âge. Un léger trouble de la pupille décèle cet état : j'indiquerai plus tard le moyen de le reconnaître par l'expérience dite de Purkinge.

Les différences que l'on observe dans l'origine des variétés de cataractes, en entraînent d'autres dans les symptômes de ces affections lorsqu'elles sont confirmées. C'est ainsi que dans la cataracte *nucléaire*, la pupille a conservé sa régularité en même temps qu'elle montre une mobilité extrême ; l'opacité de la lentille constitue la seule lésion oculaire. Dans les autres variétés de cataracte, on observe, au contraire, soit pendant la vie, soit après la mort, une ou plusieurs des lésions suivantes : adhérences, paralysie, atrophie de l'iris, dilatation ou forme irrégulière de la pupille, fausse membrane choroïdienne, destruction de la rétine, dégénérescence du corps vitré.

Ces connaissances trouvent leur application lorsqu'il s'agit d'établir le diagnostic différentiel ou d'instituer le traitement.

### Hyalitis.

On donne ce nom à l'inflammation idiopathique du corps vitré. Je n'ai pas eu l'occasion d'observer, — ou peut-être n'ai-je pas su distinguer cette maladie à laquelle les ophthalmologistes assignent des symptômes à peu près semblables à ceux de la choroïdite, et qui, de même que l'exsudat choroïdien, aurait pour résultat de déterminer bien souvent la dégénérescence de l'humeur hyaloïde. Je me borne donc à prendre note de la possibilité de son existence.

**Amaurose; Amblyopie.**

Ces expressions servaient autrefois à désigner l'affaiblissement ou la perte complète de la vision, coïncidant avec la conservation de la transparence de la cornée et des différents milieux.

Conformément à cette définition, il y aurait des amauroses *idiopathiques* et des amauroses *symptomatiques*. Parmi les premières, il faut citer celles qui résultent de l'atrophie de la rétine et du nerf optique, consécutive à l'inflammation de ces organes ou à la sclérite postérieure. On pourrait peut-être, jusqu'à un certain point, classer aussi parmi les amauroses idiopathiques l'état qui succède à la choroïdite postérieure. Dans les amauroses symptomatiques, l'organe visuel est absolument intact : c'est ce que l'on observe lors de certains foyers apoplectiques cérébraux, ainsi que dans quelques affections vermineuses du tube digestif, dans les grandes hémorrhagies, etc.

Aujourd'hui, les opthalmologistes réservent le nom d'amaurose à une affection « caractérisée par un affaiblissement ou une abolition complète de la vue existant en dehors de toute lésion appréciable à l'ophthalmoscope, et de toute anomalie de la réfraction (1). »

Comme on le voit, l'amaurose n'est en définitive qu'un symptôme se rattachant à des maladies différentes : elle ne mérite donc pas de nous arrêter plus longtemps.

---

(1) Follin, *loc. cit.*

### Ophthalmie sympathique.

D'après ce qui a été dit de cette maladie (pages 114 et suivantes), nous savons que ses modes de manifestation sont nombreux; aussi ne se distingue-t-elle réellement que par son origine.

« La clinique a depuis longtemps distingué entre l'*irritation sympathique*, qui est une espèce d'ophthalmie, et l'ophthalmie sympathique *confirmée*. Au point de vue pratique, il est de la plus haute importance de bien distinguer ces deux choses.

« L'*irritation sympathique* est le premier degré de l'ophthalmie sympathique; ordinairement, elle est suivie de l'une ou de l'autre forme d'ophthalmie confirmée. Nous l'avons déjà dit, c'est uniquement au point de vue clinique qu'on a distingué l'irritation sympathique de l'ophthalmie confirmée. Les symptômes, plus ou moins variables, sont ceux du début d'une ophthalmie véritable; les altérations anatomiques manquent, ou au moins sont invisibles pour nous; enfin, et ce caractère est de la plus haute importance, tous les symptômes disparaissent comme par enchantement après l'énucléation de l'œil sympathisant (1). »

Quant à l'ophthalmie sympathique *confirmée*, elle s'annonce par l'une ou l'autre des affections que nous avons déjà étudiées : pour ce motif, elle ne saurait faire l'objet d'une description spéciale. Je me bornerai donc à indiquer les différentes formes que je lui ai vue revêtir, et je mettrai en regard l'état de l'œil sympathisant.

(1) Nuel, *Dictionn.*, *etc.* : Ophthalmie sympathique.

| *Ophthalmie sympathique :* | *Œil sympathisant :* |
| --- | --- |
| *Iritis exsudative* des bords de la pupille. | *Phthisie* consécutive à une plaie pénétrante du milieu de la cornée; synéchie antérieure, etc. |
| *Irido-cyclite.* | *Glaucome chronique* avec hydropisie de la chambre antérieure et cataracte capsulaire. |
| *Glaucome sur-aigu.* | *Phthisie* consécutive à une plaie pénétrante ayant intéressé le corps ciliaire. |
| *Sclérite* avec glaucome chronique, excavation papillaire et atrophie du nerf optique. | *Phthisie* par suite de scléro-choroïdite. |
| *Sclérite postérieure* à son début. | *Phthisie* consécutive à une plaie pénétrante ayant intéressé le corps ciliaire. |
| *Phthisie générale commençante* déterminée par la scléro-choroïdite. | *Phthisie* complète due à la scléro-choroïdite. |
| *Phthisie oculaire complète.* | *Plaie pénétrante du milieu de la cornée* avec rétraction de la sclérotique dans la zone ciliaire, synéchie antérieure et luxation du cristalin. |

Dans les cas suivants, l'état à peu près semblable des deux yeux, fait penser que la maladie affectait le type *alternatif* ou *à bascule* : cette supposition a été fréquemment confirmée par les renseignements :

*Irido-cyclite* ;

*Irido-cyclo-capsulite* ;

*Cyclite postérieure* avec ou sans luxation du cristallin ;

*Glaucome chronique* avec hydropisie de la chambre antérieure et irido-cyclite ;

*Scléro-choroïdite partielle* ou *totale* s'acompagnant de phthisie locale ou générale plus ou moins avancée ;

*Scléro-choroïdite antérieure* et *sclérite équatoriale* (glaucome chronique ; iris déchiqueté ; effacement des chambres avec augmentation plus ou moins sensible du volume des yeux) ;

*Sclérite équatoriale* (Glaucome chronique et volume énorme des yeux avec conservation des chambres) ;

*Sclérite* (glaucome chronique et atrophie rétinienne) ;

*Sclérite* (glaucome chronique et atrophie choroïdienne disséminé).

Sur 22 cas présentant le type à bascule, il n'y en a pas moins de 15 où la *sclérite* — générale ou partielle, isolée ou combinée particulièrement avec l'inflammation plus ou moins étendue de la membrane uvéale, — joue un rôle important ; viennent ensuite 4 cas où *l'iris* et le *corps ciliaire* sont plus ou moins intéressés, et 3 cas de *cyclite postérieure* avec ou sans luxation du cristallin.

Sur 8 cas d'ophthalmie sympathique non alternative, il y en a 6 dans lesquels da *sclérotique* est atteinte ; et, chose digne de remarque, cette membrane présente des lésions dans *tous* les yeux sympathisants.

#### Ophthalmie symptomatique.

Comme la *sympathique*, celle-ci n'affecte pas de forme spéciale ; mais il est admis qu'elle attaque toujours les deux yeux au même moment et avec une égale intensité. Ces caractères joints au trouble simultané des fonctions digestives, suffisent habituellement à distinguer l'ophthalmie *symptomatique*.

Le plus souvent, elle se présente sous forme d'*aquo-capsulite* : les flocons de l'humeur aqueuse peuvent être assez abondants pour masquer momentanément la pupille; ils sont ordinairement grisâtres; je les ai vus présenter la couleur feuille-morte; leur disparition est rapide.

Quelquefois l'O. symptomatique n'est qu'une simple conjonctivite; mais elle peut aussi, dans certaines circonstances rares, se présenter sous la forme de l'iritis exsudative; enfin je la crois également capable d'affecter la forme glaucomateuse.

Il me paraît inutile de m'appesantir plus longtemps sur ce sujet.

### D). — *Examen de l'œil et ophthalmoscopie; diagnostic.*

Le diagnostic des affections oculaires n'est pas sans présenter des difficultés réelles : normalement, la construction de l'œil s'oppose déjà à ce que le regard plonge dans ses profondeurs, et y puisse explorer l'état de l'humeur vitrée et des membranes profondes; dans maintes circonstances, on a en outre à compter soit avec l'occlusion de l'œil par les paupières, soit avec l'opacité de la cornée ou des milieux, soit avec le resserrement de la pupille. Je me propose d'examiner les moyens à mettre en usage pour surmonter autant qu'il est possible ces diverses difficultés : je serai donc amené à parler de l'*ophthalmoscopie* que bien peu de vétérinaires connaissent ou savent utiliser, et contre laquelle — il faut bien le dire — le plus grand nombre conserve une prévention qui s'explique très bien par le défaut d'initiation, et par les difficultés que rencontre le débutant dépourvu de guide.

### Examen de l'œil.

Un animal aveugle — surtout un cheval — se reconnaît aisément pendant la démarche à l'hésitation de ses mouvements, à la façon dont il relève les membres, et enfin à la mobilité anormale de ses oreilles. Abandonné à lui-même, il ne sait éviter les obstacles et se rend contre les murs, les arbres, etc. D'autre part, l'aveugle, lorsque ses pupilles sont largement dilatées, présente un faciès étonné, stupide qui attire forcément l'attention.

Faisant abstraction de l'état des yeux, on peut encore apprécier si l'animal est réellement aveugle par le moyen suivant. Pour cela, on se place devant lui et on le frappe légèrement sur le bout du nez avec la main; la même manœuvre peut être répétée: à chaque choc perçu, le patient fait un mouvement de tête pour s'y soustraire. Levant alors la main avec affectation, l'explorateur fait de nouveau le geste de frapper: l'animal, mis en défiance, effectue, s'il voit clair, un mouvement à chaque menace; au contraire, il reste calme s'il est aveugle.

On doit se méfier des ébranlements de l'atmosphère qui pourraient prévenir l'animal des mouvements de la main. Celle-ci devra donc être levée à distance et n'effectuera que des déplacements limités.

Le même moyen peut être mis en usage pour juger de la faculté visuelle d'un seul œil; mais, pour cela, on doit préalablement fermer l'autre par l'application de la main.

De cette façon, on peut donc apprécier si un œil, ou si les deux sont perdus totalement; mais il n'est pas possible de discerner si la faculté visuelle est affaiblie, ou si elle est restée intacte. C'est par l'examen direct de l'organe que l'on peut se faire une opinion à cet égard.

On ne peut examiner l'œil qu'autant qu'il est éclairé, — et suffisamment éclairé pour renvoyer à l'extérieur une certaine quantité de rayons lumineux qui viennent impressionner la rétine de l'observateur. On distingue l'éclairage *oblique* ou *latéral*, et l'éclairage *direct*.

A). *Éclairage oblique* ou *latéral*. — Lorsqu'on place un animal dehors, de façon à faire tomber les rayons solaires sur l'œil à examiner, on voit très distinctement toutes les parties de la chambre antérieure, et notamment la cornée, l'iris, ainsi que la pupille; mais l'intensité lumineuse fait contracter celle-ci, et il est de toute impossibilité de voir au-delà.

Lorsque l'animal est placé dans un lieu obscur, et que l'œil est éclairé au moyen d'une bougie ou d'une lampe placée sur le côté, on constate que la pupille se contracte moins qu'à la lumière solaire. Dans les deux cas, on a réalisé ce que l'on nomme l'éclairage *oblique* ou *latéral*, attendu que le foyer lumineux se trouve sur le côté de l'axe visuel.

Au moyen de la bougie ou de la lampe, que l'on éloigne et que l'on rapproche à volonté, on peut — outre l'état de la cornée, de l'iris, de la pupille et des différents points de la chambre antérieure, — apprécier celui du cristallin, et, jusqu'à un certain point, la couleur et la transparence du corps vitré.

Ce mode d'éclairage peut être rendu plus parfait, en concentrant la lumière à l'aide d'une loupe, et en dirigeant successivement le faisceau qui en résulte dans les différents points à explorer.

Pour être juste, il convient de rappeler que l'éclairage à la bougie qui est peut-être un peu trop négligé de nos jours, a été préconisé par Solleysel, et après lui, par quelques autres hippiâtres.

Lors de l'examen de l'animal en vente, ainsi que dans de nombreux cas pathologiques, les vétérinaires se contentent fréquemment de la lumière du jour qu'ils utilisent de la manière suivante :

L'animal est introduit dans un local obscur ou peu éclairé, la tête placée près de la porte ouverte et regardant dehors. De cette façon, l'œil est éclairé en avant, ce qui permet à l'observateur d'arrêter au passage quelques rayons lumineux émergents, qui forment sur sa propre rétine une image d'autant plus nette, qu'elle ne saurait être troublée par la vue involontaire et inconsciente du fond de la salle resté obscur.

Un mur blanc placé en face de l'animal et à une faible distance aurait, comme le soleil, l'inconvénient de faire contracter la pupille. La pureté de l'atmosphère constitue une condition très favorable.

Quel que soit, en définitive, le procédé employé, lorsque l'œil est suffisamment et convenablement éclairé, on peut constater l'état de la cornée, — notamment si elle a conservé sa transparence et si elle s'est vascularisée, — l'état de la chambre antérieure, de l'humeur aqueuse, de la surface de l'iris et de la pupille. Si cette dernière, en raison de l'état maladif ou de l'intensité de l'éclairage, n'est pas trop contractée, on pourra apprécier le degré de transparence de la cristalloïde antérieure et de la lentille. Et lorsque cette même transparence le permet, on peut voir s'il existe des filaments mobiles en arrière de la cristalloïde postérieure; on peut aussi apprécier avec quelque certitude l'état du corps vitré par la couleur qu'il présente : la teinte vert-bouteille est un indice de dégénérescence; son trouble est souvent annoncé par une teinte cendrée, avec reflet de nacre, du fond de l'œil.

La couleur verte que la cornée et le cristallin sont susceptibles de présenter, ne peut pas être confondue avec la nuance beaucoup plus foncée du

corps vitré dégénéré. Du reste, dans la kératite aiguë, cette couleur de la cornée sera toujours décelée
par la teinte verdâtre des exsudats ou de l'iris ; cette
même couleur, dans la kératite chronique, ne communique au fond de l'œil qu'une teinte très claire
de verre vert ; il en est de même de la dégénérescence sénile du cristallin ; toutefois celle-ci s'accompagne en outre d'une altération légère, mais inégale de la limpidité des différentes couches de la lentille, — altération qui peut être mise en évidence
par une expérience bien simple, dite de Purkinge,
dont l'emploi a, du reste, été préconisé autrefois
par Sanson pour la détermination du siège des opacités cristallines.

On sait que si l'on place un foyer lumineux devant
un œil sain, il se forme trois images de ce même
foyer : une première, droite, très grande et vivement
éclairée, due à la cornée qui agit comme miroir convexe ; une deuxième plus petite, également droite
mais très diffuse, due à la cristalloïde antérieure
qui agit de même ; enfin une troisième renversée,
petite, très éclairée, due à la cristalloïde postérieure
qui constitue un miroir concave. Or, dans la cataracte sénile, j'ai constaté, indépendamment de l'i-
mage donnée par la cornée, tantôt une image droite,
diffuse, et *deux* images renversées, tantôt *deux* droites et une renversée, et tantôt, enfin, *deux* droites et
*deux* renversées, ce qui ne peut s'expliquer que par
une différence de densité et de transparence soit de
la cristalloïde et de la lentille, soit de la première et
des différentes couches de la deuxième.

Enfin, il n'est pas jusqu'à l'état de la rétine qui
ne puisse être pressenti au moyen de l'éclairage
latéral : le fond de l'œil apparaissant plus clair,
plus brillant à travers la pupille, est un indice que
la couche des cellules pigmentaires se trouve voilée

par une fausse membrane, ou qu'elle a disparu en partie ou en totalité par atrophie.

Dans le mode d'exploration qui nous occupe, on ne doit pas se contenter de regarder l'œil en se plaçant dans la direction du champ visuel ; il faut aussi se placer de côté, soit en avant, soit et surtout en arrière : de cette façon, on apprécie la distance qui sépare l'iris et la cristalloïde de la cornée ; on juge de la situation de l'onyx, des dépôt stratifiés, de l'hypopion, des exsudats ; on peut déterminer la position occupée par les opacités de la membrane transparente ou du cristallin.

Lorsque l'œil est bien éclairé, l'usage de la loupe de Brucke qui permet de voir à distance, peut rendre quelques services en grossissant les lésions, surtout les vaisseaux de la cornée. Toutefois, je dois dire que je n'en ai jamais obtenu d'avantages vraiment sérieux.

On se tiendra en garde contre la formation possible, dans l'œil, d'images de corps environnants que l'on pourrait prendre pour des lésions.

Si l'on a des doutes sur l'état d'un œil, on l'isole en fermant son congénère, et on le soumet ensuite à des alternatives de lumière et d'obscurité, ou tout au moins de lumière moins intense. On peut, du reste, se contenter de clore un instant les deux yeux : les pupilles doivent se dilater également. Ecartant brusquement les paupières, on constate : 1° que les pupilles sont restées dans le même état, ou 2° qu'elles se sont dilatées et reviennent rapidement à leur état primitif ; ou 3° que s'étant dilatées, elles ne reprennent leurs dimensions premières qu'avec lenteur ; ou 4°, enfin, qu'elles se sont dilatées irrégulièrement ou d'une façon inégale. Nous avons dit ailleurs la signification de ces différents phénomènes.

Si l'œil est recouvert par les paupières, il importe de pouvoir écarter celles-ci sans occasionner de souffrances à l'animal. Le meilleur procédé consiste à prendre un point d'appui, sur l'arcade orbitaire, avec les trois derniers doigts de la main gauche s'il s'agit de l'œil droit, — et *vice versa*, — et à pincer délicatement, avec le pouce et l'index, le tégument de la paupière supérieure que l'on soulève ensuite sans presser sur le globe oculaire. La paupière inférieure est abaissée par l'index et le médius de l'autre main, qui pressent de haut en bas sur la peau du larmier. Toutefois, s'il existe du larmoiement, le bord de cette même paupière forme un godet qui est constamment rempli, et qui nuit à l'examen : dans ce cas, il convient de renverser ce bord en bas et en dedans par une pression légère et graduée de l'index, dont l'ongle, par sa face dorsale, vient effleurer la cornée.

Malgré les précautions prises, on est quelquefois obligé de détourner l'attention du cheval par l'application du tord-nez.

Chez le bœuf, l'examen de l'œil malade offre beaucoup de difficultés : dès qu'on veut écarter les paupières, le globe instantanément retiré dans le fond de l'orbite, se trouve recouvert par le corps clignotant dont l'écartement ne produit aucun résultat. Il est souvent préférable de s'abstenir de tout contact et d'attendre patiemment que l'œil se découvre ; on peut aussi, en plaçant la tête successivement dans différentes directions et positions, faire apparaître l'une après l'autre les diverses parties de la circonférence cornéenne.

Lorsque l'état de la cornée ne permet pas de voir au-delà, le vétérinaire se trouve souvent dans la nécessité d'ajourner son diagnostic. Cependant, l'étude du mode de vascularisation que présente cette membrane, peut fournir des indications précieuses; il est également utile de consulter l'état de la pression intra-oculaire : c'est ainsi que l'opacité complète de la cornée coïncidant avec une tension exagérée, indique le glaucome sur-aigu.

Dans les cas où la pupille est fortement contractée, on ne saurait juger de l'état du cristallin, et encore moins de celui du fond de l'œil; mais, en outre, il ne faut pas perdre de vue que ce symptôme peut dissimuler la soudure complète ou partielle des bords pupillaires, ainsi que des adhérences ou synéchies postérieures plus ou moins étendues.

Il existe, pour surmonter cette difficulté, un moyen dont je ne saurais trop recommander l'usage : c'est l'emploi de l'*atropine*. Quelques gouttes d'une solution de sulfate d'atropine au 100ᵉ, introduites entre les paupières, suffisent à produire en moins d'une heure, un relâchement complet, ou au moins suffisant — surtout dans un local obscur — pour qu'il soit possible de procéder à un examen fructueux (1).

B). *Eclairage direct ; ophthalmoscopie*. — Lorsque l'on veut posséder les éléments d'un diagnostic complet, il est indispensable de recourir à l'emploi de l'*ophthalmoscope*. Grâce à cet instrument, on peut contrôler et compléter les données résultant des autres modes d'exploration, à la condition, toutefois, que la cornée et, au moins, les milieux antérieurs soient transparents. Le moment est venu, de le faire connaître, et de tracer les règles de son emploi.

---

(1) D'après Follin, une solution de un centigramme de sulfate d'atropine dans 500 grammes d'eau distillée, suffirait amplement à amener la dilatation pupillaire; de plus, celle-ci au lieu de persister pendant six à sept jours, ne demanderait que quelques heures pour disparaître.

Depuis son invention, l'ophthalmoscope n'a jamais été utilisé d'une façon sérieuse par les vétérinaires français. Il paraîtrait — mais je manque de renseignements précis à cet égard — que l'on est un peu plus avancé sous ce rapport en Allemagne et à Vienne.

Dans un appendice à son article sur la *fluxion périodique*, Reynal dit cependant avoir, durant quatre années, mis à profit toutes les occasions qui se sont présentées à lui, pour l'étude des affections oculaires au moyen de l'ophthalmoscope : il ne semble pas que les résultats aient été en rapport avec le temps consacré à ce genre d'étude, car l'auteur ne les fait pas connaître, et n'indique pas davantage les procédés qu'il a mis en usage.

Zundel préconise l'emploi de l'ophthalmoscope ; mais c'est avec étonnement que je lis le passage suivant dans son travail : le malade « doit regarder alors du côté des rayons lumineux, un peu à gauche du vétérinaire lorsque celui-ci examine l'œil gauche et *vice versa*... (1). » En réalité, l'animal regarde où il *veut*, et non où il *doit* ; d'autre part, il résulte de l'examen des figures qui sont intercalées dans le texte, ainsi que de la description qui est faite de la papille, que l'auteur s'est réellement borné à résumer les travaux des ophthalmologistes de l'homme. J'en conclus que, au moment où il rédigeait son travail, Zundel n'était pas encore bien familiarisé avec l'emploi de l'ophthalmoscope.

Vient enfin l'*Étude sur la fluxion périodique*, de MM. Hocquart et Bernard : après avoir vivement critiqué Zundel, ces auteurs indiquent à leur tour le manuel de l'exploration ophthalmoscopique chez le cheval, et font preuve de connaissances réelles touchant le

---

(1) *Dictionn.* etc. ; t. II. p. 674.

mode d'emploi de l'ophthalmoscope en général. Cependant, ils avouent n'en avoir tiré aucun avantage pour l'étude de la *fluxion périodique*. Leur description du *fond* de l'œil est assez exacte ; mais, en revanche, le dessin qu'ils en donnent est absolument de fantaisie — même en faisant abstraction des nuances. Je suis également loin d'approuver, d'une façon absolue, le manuel que recommandent MM. Hocquart et Bernard ; et je crois bien qu'une pratique un peu fréquente de l'opération n'aurait pas manqué de le leur faire modifier en quelques points.

Voilà à quoi se réduit l'historique de l'ophthalmoscopie en France : on conviendra que c'est bien peu. Je doute que les résultats négatifs confessés par MM. Hocquart et Bernard, aient beaucoup contribué à la propagation, parmi les praticiens, de cette méthode d'exploration de l'œil.

Depuis 1879, et sur ma proposition, notre arsenal s'étant enrichi de plusieurs modèles d'ophthalmoscope, j'ai pu me livrer à des recherches avec assez de persévérance pour être arrivé à quelques résultats intéressants, et pour avoir notamment acquis la certitude que l'ophthalmoscopie *doit* et *peut* entrer dans notre pratique. Mes débuts ont été assez pénibles, et j'avoue avoir été plus d'une fois sur le point d'abandonner cette étude. J'avais même fini par croire que la méthode dont il s'agit, ne pouvait être réellement appliquée que chez l'homme, attendu que celui-ci, docile à la demande de l'explorateur, tantôt fixe tel ou tel objet, tantôt reste en repos, etc. : toutes choses que l'on ne peut obtenir de nos malades.

Je me plais à croire que si telle est encore aujourd'hui l'opinion de bon nombre de nos confrères, mon exemple pourra contribuer à la leur faire modifier. Dans le but d'aider de tout mon pouvoir à cette conversion, je vais m'efforcer d'être aussi clair et aussi complet que possible.

Pour que l'on puisse voir d'une façon nette le véritable *fond* de l'œil, c'est-à-dire la papille optique, la rétine, etc., deux choses sont nécessaires : 1° il faut éclairer les organes que l'on désire explorer; 2° il faut recueillir à leur sortie les rayons émergents, et leur imprimer une direction convenable afin qu'ils puissent former une image visible à la portée de l'observateur.

1°— Il n'est pas besoin de justifier longuement la première proposition, car il est évident qu'un objet n'est visible qu'à la condition d'être éclairé. A la vérité, le fond de l'œil reçoit les rayons lumineux des objets qui sont placés dans l'étendue du champ visuel, et cependant, il est impossible de l'apercevoir dans les circonstances ordinaires. C'est que l'organe jouissant dans une large mesure des propriétés de la chambre noire, absorbe la plus grande partie des rayons, et n'en laisse sortir qu'une quantité insuffisante : le fond de l'œil étant moins éclairé que les objets ambiants paraît donc obscur.

Cependant, chez les animaux domestiques et autres dont l'œil est pourvu d'un *tapetum*, on voit, dans certaines circonstances, — notamment lorsque l'animal, placé dans l'obscurité, fixe un objet plus ou moins éclairé situé à une distance variable, et parfois considérable, — on voit l'œil s'illuminer d'une nuance très vive qui est tantôt bleu-verdâtre et tantôt rougeâtre, suivant que le faisceau lumineux est tombé sur le tapis ou sur la papille. Dans ce cas, le fond de l'œil est visible parce qu'il est plus éclairé que les objets environnants. C'est la constatation de ce fait qui a inspiré la pensée de rechercher les moyens de réaliser un semblable éclairage, afin de rendre possibles les observations physiologiques ou pathologiques.

Quelle que soit l'intensité de l'éclairage, les rayons émergents suivent — mais en sens contraire — la même route que les rayons primitifs ou éclairants : en d'autres termes, le fond de l'œil ne pouvant être éclairé que par un foyer lumineux situé en avant, il ne peut, non plus, être vu que par un observateur placé dans la même direction. Mais si cet observateur est placé devant le foyer lumineux, il interceptera le passage de la lumière et l'œil restera obscur ; si l'on adopte une disposition inverse, l'œil sera éclairé, mais l'observateur sera gêné, empêché par la lampe ou la bougie qui devra forcément se trouver — ou à peu près — sur la ligne qui, partant de son organe visuel, aboutit à l'œil qu'il se propose d'étudier.

Il y avait là une difficulté sérieuse : on l'a tournée en recevant sur un miroir plan, ou légèrement concave, la lumière d'une lampe placée au-delà ou sur le côté de l'œil soumis à l'examen, et en éclairant celui-ci à l'aide de la lumière réfléchie. Dès lors, plus d'obstacle entre l'œil observé et celui de l'observateur, car il suffisait de percer le miroir d'une toute petite ouverture pour que le chirurgien pût faire à loisir ses observations.

Tel est le principe de l'ophthalmoscope ; et, quelle que soit la forme de l'instrument, on retrouve toujours une disposition qui en assure le maintien.

C'est à Helmholtz que l'on doit la construction du premier ophthalmoscope (1851). On en connaît aujourd'hui un grand nombre : les uns sont fixes et les autres sont mobiles ; il y en a qui sont monoculaires et d'autres qui sont binoculaires. Les mobiles peuvent seuls nous convenir : il me paraît bien inutile de les décrire tous ; mais je ferai connaître

un peu plus loin celui de Follin dont nous possédons un exemplaire depuis 1879 : il est très simple,
peu coûteux (12 francs), et suffisant pour nos observations.

*2°—Il faut recueillir à leur sortie de l'œil les rayons émer-
gents, et leur imprimer une direction convenable afin
qu'ils puissent former une image visible à la portée de l'observateur.* Afin de comprendre ceci, il est nécessaire —
sans toutefois entrer dans les détails — de rappeler
quelques-uns des phénomènes physiques de la vision.

On sait que les rayons lumineux émanant d'un
objet quelconque placé dans le champ visuel, subissent, en pénétrant dans l'œil, un premier degré de
réfraction dû à la cornée et à l'humeur aqueuse,
puis un deuxième et un troisième dans le même sens
en traversant et en quittant le cristallin : s'entre-
croisant ensuite en arrière de ce dernier, ils vont,
lorsque la vision est nette, former sur la rétine une
image renversée de l'objet.

Si l'on suppose un rayon lumineux sortant de
l'œil, il devra subir également les effets de la réfraction, et parcourir — mais en sens contraire — le
même chemin qu'en y pénétrant. De sorte que dans
le cas où la rétine est éclairée, les rayons qu'elle
projette au dehors vont former son image *renversée*
à la distance pour laquelle l'œil est accommodé, ou,
si l'on veut, à la distance à laquelle la vision est
distincte pour lui.

D'après cela, et en faisant complètement abstraction de l'état de l'œil de l'observateur qui, de même
que celui de l'observé, peut être *emmétrope, hypermétrope, myope* ou *presbyte* (1), il faudrait, pour voir

____

(1) En ophthalmologie, on donne la qualification de *normal* ou *emmétrope* à l'œil qui est également apte à la vision des objets éloignés et des objets rapprochés. On suppose que, chez lui, les

l'image aérienne de la rétine éclairée, se placer en
général, à une grande distance lorsque l'œil examiné est hypermétrope ou presbyte ; à une distance
très petite lorsqu'il s'agit d'un œil myope ; et enfin,
pour un œil normal, à une distance proportionnée
à son accommodation du moment. On sait, du reste,
que cette accommodation est susceptible de varier
à chaque instant.

Or, pour éclairer l'œil convenablement, et anni-
hiler autant que possible les effets des mouvements
involontaires que l'on imprime au miroir réflecteur,
on est dans la nécessité de s'approcher assez près
(25 à 30 centimètres) de l'œil observé : pratiquement,
il n'y a donc que l'image rétinienne d'un œil très
myope qui puisse être vue directement, c'est-à-dire
sans l'intermédiaire d'un verre correcteur.

Cependant, d'après le Dr Perrin (1), on pourrait
en approchant le réflecteur à la distance de quel-

rayons lumineux parallèles fournis par les objets éloignés, viennent former foyer sur la rétine sans le concours de l'accommodation.

On appelle *hypermétrope* l'œil dans lequel l'axe antéro-postérieur étant trop court, les rayons parallèles forment foyer en *arrière* de la rétine. Cet œil est surtout apte à la vision des objets
éloignés ; mais il ne voit distinctement à toute distance que grâce
au fonctionnement de l'accommodation.

Lorsque dans l'œil hypermétrope, cette fonction est paralysée ou
au repos, les rayons émergents provenant de la rétine éclairée
sont divergents, et ne sauraient former une image réelle à l'extérieur.

L'œil *myope* est celui chez lequel l'image des objets éloignés se
forme en avant de la rétine par suite d'un excès de longueur de
l'axe oculaire. Cet œil ne voit distinctement que les objets plus ou
moins rapprochés. Quelques auteurs, — et je me rallie à leur opinion — admettent cependant une accommodation spéciale pour la
vision des objets éloignés.

L'œil *presbyte* est celui qui a perdu la faculté de s'accommoder à
la vision des objets rapprochés.

(1) *Traité pratique d'ophthalmoscopie et d'optométrie.*

ques centimètres seulement, voir l'image *virtuelle*, *droite* et agrandie du fond de l'œil hypermétrope, à la condition que son accommodation soit au repos. L'image de l'œil myope étant *réelle et renversée*, il y a là les éléments d'un diagnostic différentiel de ces défauts de la vision ; — éléments auxquels nous aurons l'occasion d'en ajouter de nouveaux en poursuivant cette étude.

Afin de mettre, en toutes circonstances, chaque individu ayant une vue normale ou corrigée par des verres appropriés, à même de voir l'image rétinienne, on a eu la pensée d'imprimer aux rayons lumineux émergents, un changement de direction qui les rendît aptes à former cette image dans un point rapproché.

Ce résultat s'obtient en interposant une lentille sur le trajet des rayons : si cette lentille est concave, les rayons sortent divergents et forment en avant, à proximité de son foyer, une image *virtuelle, très amplifiée et droite* ; si l'on se sert d'une lentille convexe, les rayons sortent convergents et forment en arrière, — entre la lentille elle-même et l'œil de l'observateur, — une image *réelle, renversée* et beaucoup plus petite que dans la circonstance précédente.

De là, deux procédés d'exploration : celui par l'image *droite*, et celui par l'image *renversée*. On peut recourir au premier pour l'étude des détails ; cependant, on se contente généralement du second qui offre des difficultés moindres, et donne en définitive des résultats suffisants : c'est celui que je vais décrire tout d'abord.

**1° Procédé par l'image renversée.** — L'ophthalmoscope dont nous nous servons le plus habituellement, et qui, bien que construit pour l'homme, peut servir pour ce genre d'exploration, est celui que le catalogue de la maison Collin et C<sup>ie</sup> désigne sous le

nom d'ophthalmoscope simple de Follin. C'est avec
le modèle que nous possédons que MM. Hocquart
et Bernard ont fait leurs recherches. L'appareil entier est contenu dans un écrin qui a la forme et le
volume d'un porte-monnaie : le tout ne pèse pas
plus de 80 grammes.

Dans l'écrin se trouve un petit miroir concave
de quatre centimètre et demi de diamètre, et de
vingt-un centimètres de foyer principal, présentan t
à son centre soit une petite surface circulaire dépourvue de tain, soit — ce qui vaut mieux — une
ouverture de mêmes forme et dimension, destinée à
laisser passer les rayons lumineux qui doivent impressionner la rétine de l'observateur. Un petit
manche s'adapte aisément à ce miroir au moment
de s'en servir.

La seconde pièce de l'appareil se compose d'une
lentille bi-convexe de six centimètres de foyer principal, pourvue d'une monture en corne, qui présente elle-même un petit anneau destiné à servir
de poignée.

Pour l'éclairage, on se sert d'une lampe modé-
rateur, ou d'une lampe à pétrole de moyen calibre.
Follin fait remarquer que la flamme résultant de
la combustion de l'huile ou du pétrole, étant riche
en rayons calorifiques, peut agir d'une façon nuisible sur l'œil observé : aussi conseille-t-il de ta-
miser la lumière de la lampe à l'aide de verres tein-
tés en bleu par le cobalt. Tout en ayant son utilité
cette précaution n'est cependant pas indispensable.

L'exploration peut se faire le jour comme la nuit;
mais dans le premier cas, il est nécessaire pour obtenir un bon résultat, d'enfermer le patient dans un
local où l'on puisse faire l'obscurité. Non seulement
dans de telles conditions, le fond de l'œil paraît plus
éclairé, mais la pupille qui, au jour, était de gran-

deur moyenne, se dilate suffisamment pour rendre l'examen possible. Si, par suite de lésions anciennes ou de souffrances actuelles, cette ouverture est trop resserrée, on fera bien de la dilater préalablement au moyen de l'atropine. La même précaution doit être prise lorsque l'on veut examiner le cristallin dans toute son étendue.

A la rigueur, deux aides peuvent suffire : un pour tenir le cheval, et l'autre pour l'éclairage. Le premier se plaçant du côté opposé à l'opérateur, et un peu en avant, tient l'animal en main et lui fait porter la tête à hauteur moyenne — ni trop haut, ni trop bas ; — chaque main doit tenir un montant du licol, de façon à borner autant que possible les mouvements de la tête. L'aide chargé de l'éclairage, se place du même côté que l'explorateur, un peu en avant de l'épaule et fait face à la tête du cheval[1]. De la main la plus rapprochée de l'animal, il prend un point d'appui sur l'encolure, afin d'être prévenu des mouvements de défense et de pouvoir éloigner à temps la lampe qui pourrait être brisée. Celle-ci est tenue de l'autre main, de façon que la partie éclairante se trouve approximativement située à dix centimètres en arrière et au-dessus de l'œil, en même temps que distante d'environ vingt centimètres de la tête afin de ne pas trop l'exposer. L'aide peut aussi, dans le but de donner plus de fixité à la lumière, se servir de ses deux mains pour tenir la lampe, en même temps qu'il prend un point d'appui contre l'encolure au moyen du coude le plus rapproché.

Cette précaution du point d'appui me paraît utile ; cependant, je dois dire que, contre toute prévision, les animaux que j'ai examinés ont toujours présenté une tranquillité remarquable.

Il est rare qu'un aide supplémentaire soit nécessaire pour l'immobilisation de l'animal; mais on peut parfois l'utiliser pour écarter les paupières de l'œil examiné. Je n'ai jamais tiré aucun avantage de l'emploi du tord-nez.

Lorsque l'animal se trouve dans l'obscurité, il convient de lui laisser les yeux libres: bientôt on approche la lampe graduellement, — sans lenteur comme sans précipitation, — et on lui donne la position qu'elle doit occuper. Le vétérinaire s'armant alors du miroir, tâte en quelque sorte la susceptibilité de l'animal en projetant dans l'œil le faisceau lumineux : voyant que le patient ne fait aucun mouvement de défense, il procède à l'exploration.

La position que doit occuper le vétérinaire n'est pas indifférente : la papille qu'il s'agit surtout d'examiner, se trouvant en bas et un peu en dehors du pôle oculaire postérieur, le rayon visuel de celui qui cherche à la rencontrer, doit plonger légèrement de haut en bas, — non d'une façon absolue, — mais par rapport à l'axe antéro-postérieur de l'œil observé, qu'il doit croiser un peu obliquement. Malheureusement, cet œil ne reste pas toujours fixe, et ce serait perdre son temps, ou même provoquer la résistance du patient, que de vouloir l'immobiliser. L'explorateur se bornera donc à faire face à l'œil qu'il veut examiner, et s'efforcera de se placer dans la direction de son regard, soit en se baissant, soit en se haussant de quelque façon, — l'animal ayant autant que possible, et ainsi qu'il a été dit, la tête à hauteur moyenne. Inutile d'insister pour faire comprendre que la position du vétérinaire ne peut pas être immuable, mais doit au contraire varier avec les mouvements du globe oculaire.

Ces dispositions étant prises, le vétérinaire place le miroir devant celui de ses yeux qui se trouvant le plus rapproché de la lumière, ne doit être qu'à 25 ou 30 centimètres de l'organe qu'il s'agit d'examiner. Tenant cet instrument de la main correspondante, il en appuie solidement le dos contre les parois orbitaires, afin de donner de la fixité à la direction du faisceau lumineux ; il doit avoir l'attention — cela va sans dire — de faire correspondre l'ouverture centrale avec son rayon visuel. — On se trouve bien de s'habituer à regarder de cet œil sans fermer l'autre.

Le faisceau lumineux étant projeté sur celui du patient, on voit aussitôt — si cet œil est normal — la pupille s'illuminer et refléter une belle nuance, tantôt bleu-de-ciel ou bleu-verdâtre, et tantôt rougeâtre ou rouge-orange : la nuance bleue est due à l'éclairage du tapis ; la nuance rouge indique que le faisceau lumineux est tombé sur la papille. Pour arriver sur celle-ci lorsque c'est le tapis qui se trouve éclairé, il suffit de se hausser un peu, puisque l'on sait qu'elle est située à un niveau inférieur. Quelquefois, un mouvement subit de l'œil substitue la nuance rouge à la nuance bleue, et réciproquement. Dans tous les cas, il importe, ainsi que je l'ai déjà dit, de se maintenir dans la direction du regard de l'animal : le succès de l'opération est à ce prix.

Par l'éclairage *direct* qui est ainsi pratiqué, on ne distingue encore, d'une façon nette, rien qui appartienne au *fond* de l'œil : nous en avons expliqué les motifs ; mais on peut apprécier l'état de transparence de la cornée et des milieux — humeur aqueuse, cristallin, corps vitré. La moindre opacité, le plus léger nuage sont décelés par l'apparition de points, de lignes ou de surfaces dont l'obscurité est proportionnée à l'obstacle que rencontrent les rayons lumineux. Un trouble général de l'humeur hyaloïde s'apprécie très aisément, car les nuances

réfléchies par le fond de l'œil ont perdu leur viva-
cité, leur brillant.

Des opacités très légères peuvent, dit-on, passer
inaperçues lorsque l'éclairage est intense : d'où
la nécessité de baisser la lumière de la lampe, lorsqu'on a quelques craintes à ce sujet. Je n'ai jamais
bien constaté l'utilité de cette recommandation.

Lorsque l'on s'est ainsi rendu compte de l'état de
transparence des milieux, on n'a plus qu'à concen-
trer les rayons lumineux émergents en les forçant
à traverser la lentille bi-convexe. Si, à ce moment,
le fond de l'œil est vu de couleur rougeâtre, la papille apparaît subitement, soit entière, soit seulement en partie.

Il est indispensable que la lentille soit maintenue
dans une position fixe, si l'on veut éviter des déplacements incessants de l'organe ou de la surface que
l'on examine. La main armée de la loupe doit donc
prendre un point d'appui sur l'apophyse orbitaire,
ce qui lui permet en outre de fixer la paupière supérieure. Pour satisfaire à cette indication, l'explorateur tenant la lentille entre le pouce et l'index, élève
d'abord l'avant-bras à la hauteur de l'œil du cheval ;
puis, fléchissant légèrement le poignet, il vient appuyer l'extrémité des doigts libres sur la partie supérieure de l'orbite : il ne reste plus qu'à abaisser
légèrement les doigts qui tiennent la loupe, pour
qu'elle vienne se placer en face de l'œil dont elle
doit rester éloignée de trois à quatre centimètres.

Je rappelle que l'image est vue renversée :
c'est ainsi que le tapis apparaît *au-dessous* de la papille ; il en résulte que si l'on est dans la nécessité
de se déplacer plus ou moins pour aller à la recherche de la papille, ou la faire apparaître complètement, on doit effectuer des mouvements inverses à
ceux qui sembleraient tout d'abord nécessaires ; —

inverses à ceux que l'on ferait si l'image était droite : voit-on en bas le bord de la papille ? on devra se baisser légèrement ; voit-on ce bord vers l'angle temporal de l'œil ? on devra se porter de ce côté, etc.

Les changements de position de la tête, — si peu considérables qu'ils soient, — ont l'inconvénient, pour le débutant surtout, de modifier la direction du faisceau lumineux, de sorte que, momentanément, l'œil n'est plus éclairé. Il est utile de savoir que l'on peut, dans bien des cas, se dispenser d'effectuer ces déplacements : en effet, la lentille possède la propriété d'entraîner l'image lorsqu'elle se déplace elle-même, de sorte qu'il suffit d'un simple mouvement des doigts qui portent cette même lentille en haut ou à gauche, par exemple, si la papille n'est visible que partiellement en bas ou à droite, pour rendre celle-ci entièrement appréciable.

Les dimensions de l'image obtenue sont en raison inverse de la puissance de la lentille : ainsi que le fait remaquer M. Perrin, celle-ci, employée comme loupe, grossit les objets placés en-deçà de son foyer ; mais dans l'examen ophthalmoscopique, « elle fixe l'image indéterminée produite par l'œil, et la ramène approximativement dans son plan focal ; mais, en la rapprochant, elle la diminue d'étendue, et cette diminution est en raison directe de sa puissance convergente. Par conséquent, plus la lentille sera puissante, c'est-à-dire aura un numéro élevé, plus l'image sera petite et lumineuse, et réciproquement, si l'on veut obtenir une image aussi grande que possible, on devra choisir une lentille d'un foyer aussi long que possible ; seulement, pour compenser le défaut de lumière qui en est la conséquence, il sera bon d'augmenter l'intensité de la source lumineuse..... Avec l'image renversée, la grandeur de celle-ci est encore en raison inverse de la puissance réfringente de l'œil observé. La distance à laquelle est placée la lentille exerce encore une certaine influence ; plus on l'éloigne de l'œil, plus on diminue l'action réfringente de ce dernier, et, par conséquent, plus l'image doit grandir. Toutefois, on peut faire abstraction de cette condition, parceque la position de la lentille est réglée par l'éclairage (1). »

Il résulte de ce qui précède que, si l'on se sert toujours de la même lentille, les différences observées dans les dimensions de l'image ne pouvant guère être que le résultat des différences dans la puissance réfringente de l'œil, on pourra, dans une certaine mesure, utiliser cette donnée au diagnostic de la myopie : cet état sera d'autant plus prononcé que l'image renversée de la papille semblera plus petite.

Il est utile de signaler aux débutants une particularité susceptible de les induire en erreur, et qui consiste dans la formation de deux images de l'ouverture centrale du réflecteur, par les faces antérieure et postérieure de la lentille faisant office de miroir convexe et de miroir concave. Il est facile de reconnaître la nature et la provenance de ces images en imprimant au miroir réflecteur un léger déplacement : tout aussitôt, on les voit s'écarter en prenant des directions opposées.

J'ai déjà décrit l'aspect du fond de l'œil et celui de la papille en particulier ; il me paraît d'autant plus inutile d'y revenir, que la description la plus détaillée est absolument incapable de suppléer à la vue de l'objet décrit. Cependant, je crois devoir dire que la papille présente de nombreuses variétés de nuan-

_______

(1) Perrin, *loc. cit.*

ces suivant l'état plus ou moins pléthorique ou ané-
mique des sujets : très peu colorée, légèrement jaunâtre chez les animaux appauvris, elle présente, au
contraire, les nuances les plus vives chez ceux qui
sont sanguins. Je ne saurais donc trop engager les
vétérinaires à s'exercer sur le plus grand nombre
possible d'animaux, afin de se familiariser avec des
différences parfaitement compatibles avec l'intégrité
de l'organe visuel.

**2ᵉ procédé par l'image droite.** — Ce procédé ne diffère
du précédent que par la substitution d'une lentille bi-concave à la lentille bi-convexe; de plus, cette
lentille au lieu d'être placée entre l'œil observé et
le miroir, est plus avantageusement placée en arrière
de celui-ci : combinée avec le cristallin, elle constitue
à l'égard du fond de l'œil une véritable lunette de
Galilée.

L'ophthalmoscope simple de Follin, muni de quatre lentilles (1), est le modèle employé par nous pour
ce mode d'exploration. Il se compose des mêmes
pièces (miroir et grande lentille bi-convexe) que celui que nous avons fait connaître précédemment
et peut aussi être utilisé pour le procédé par l'image
renversée ; mais le miroir est pourvu, en arrière,
d'un disque mobile sur lequel sont montées quatre
petites lentilles, — deux concaves et deux convexes :
les premières seules sont utiles pour obtenir l'image
droite; mais toutes peuvent à l'occasion servir à cor-
riger la vue de l'observateur.

L'image droite est plus grande que l'image renversée ; ses dimensions sont en raison inverse de
la puissance dispersive de la lentille. Dans l'œil
myope, dont les rayons convergents annulent une

---

(1) Prix : 17 francs, chez Collin, rue de l'École-de-Médecine. Paris.

partie de cette puissance, une même lentille donnera une image plus grande que dans l'œil normal.

Cette donnée est à joindre aux précédentes pour reconnaître les défauts de la réfraction : on pourrait ainsi se rendre compte des motifs qui font qu'un cheval est ombrageux, quoique possédant en apparence une bonne vue.

Le grossissement qui résulte de l'emploi du procédé par l'image droite est considérable : d'après Helmholtz, il pourrait atteindre dans quelques cas jusqu'à vingt-quatre diamètres. Cependant, ai-je dit, on l'emploie peu : c'est que l'amplification du fond de l'œil est due au cristallin qui remplit le rôle d'une loupe, tandis que l'ouverture pupillaire étant placée en avant de celle-ci, ne saurait jouir des mêmes bénéfices; elle se trouve même plutôt amoindrie par la lentille de l'ophthalmoscope. Il résulte, de ces effets combinés, une grande limitation de l'étendue de la surface visible au même instant, ce qui rend l'exploration beaucoup plus longue, et par conséquent plus fatigante, soit pour le malade, soit pour le médecin.

Chez nos animaux domestiques, on parvient toujours — quelquefois même instantanément — à mener à bien un examen par l'image renversée. Il faut un sujet particulièrement indolent pour arriver au même résultat par l'image droite.

Le manuel de l'exploration ophthalmoscopique chez les animaux de l'espèce bovine, ne diffère de celui qui vient d'être exposé, que par quelques mesures de précaution rendues nécessaires par la docilité moindre de quelques-uns de ces animaux. Ceux qui sont d'un caractère paisible, peuvent être tenus en main par un aide placé du côté non occupé par l'explorateur : son rôle se borne à saisir, par la base, la corne qui est à sa proximité, afin de tenir la tête à hauteur moyenne. Un deuxième aide tient la lampe du côté de l'œil exploré, et la place *en avant* de la corne qu'il saisit de sa main restée libre. Le vétérinaire doit se baisser de façon à amener son œil dans la direction du regard de l'animal; mais auparavant, et comme pour le cheval, il fera bien de se rendre compte de l'impressionnabilité du sujet.

Il me paraît prudent de laisser attachés par la tête les bovins d'un caractère impatient; on disposera la longe de telle sorte que les mouvements en avant soient à peu près interdits à l'animal.

Les petits animaux, tels que moutons et chiens, doivent être placés sur une table où des aides les maintiennent en décubitus sternal, l'encolure levée et la tête demi-fléchie. La lampe repose sur la table un peu en arrière de l'œil. L'observateur s'assied sur une chaise, et se trouve sans peine à la hauteur et dans la position voulues, c'est-à-dire en face de l'œil et dans la direction de son regard.

**3° Conseils aux débutants en ophthalmoscopie.** — Malgré les détails un peu minutieux, peut-être, dans lesquels je suis entré, et dont l'observation devrait suffire à celui qui voudra se familiariser avec la pratique de l'ophthalmoscopie, je crois utile de donner encore quelques conseils propres à faciliter les débuts et à éviter les découragements.

On a construit pour l'usage des médecins qui veulent s'exercer au maniement de l'ophthalmoscope, des instruments spéciaux — véritables yeux artificiels — au moyen desquels il leur est possible d'acquérir assez vite l'habileté nécessaire. Il nous est possible de suppléer à ces instruments assez coûteux par des yeux *naturels*; et, pour mon compte particulier, j'ai retiré de l'emploi de ces organes détachés du cheval, les plus précieux avantages.

Il faut que ces yeux soient frais, car ils perdent rapidement par l'évaporation, et, après quelques heures, la cornée n'est plus suffisamment transparente. Il convient donc de les enlever au moment même où l'animal est sacrifié; on les conservera plus longtemps en laissant les paupières adhérentes au globe, et en s'en servant pour protéger la cornée.

Je suppose que l'on ait à sa disposition deux yeux de cheval. Aussitôt, on s'enferme dans un local obscur et on allume sa lampe. L'un des yeux est disposé à peu près à la hauteur du foyer lumineux, sur un support légèrement concave afin qu'il puisse conserver la position qu'on lui donne, — le goulot d'une carafe convient très bien pour cet usage, — et le tout est placé sur une table, un peu en avant de la lampe. On a eu la précaution d'enlever les paupières qui seraient gênantes, et l'on a donné à l'œil sa position naturelle, c'est-à-dire que la papille est placée en bas, ce dont on se rend compte par la situation du nerf optique. Afin de réaliser les conditions de l'examen réel, on place la lampe du côté externe indiqué tant par le point d'entrée du nerf optique, que par le petit bout de l'ovale de la cornée; et l'on peut, en examinant alternativement l'œil droit et l'œil gauche, s'exercer soi-même de l'œil gauche et de l'œil droit.

Les choses étant ainsi disposées, l'opérateur, assis, a toutes facilités pour arriver à un résultat satisfaisant, puisque l'œil reste immobile et que l'on peut, à volonté, en modifier la position.

Ainsi qu'il a été dit en parlant de l'examen de l'œil vivant, l'éclairage du tapis se révèle par l'apparition d'une couleur bleue ou bleu-verdâtre; mais en se haussant un peu, on voit cette couleur disparaître et faire place à une nuance blafarde qui, par l'interposition de la loupe, prend nettement la forme elliptique, à grand axe horizontal : c'est la papille qui ne rappelle celle de l'animal vivant que par la forme.

Bien qu'elle soit exsangue, et par conséquent, pâle et décolorée, on parvient aisément à la distinguer ; et lorsqu'on l'a bien vue ainsi, il sera toujours extrêmement facile de la retrouver chez l'animal vivant, où sa couleur rouge-feu ou rouge-orange lui permet de se détacher si nettement.

On s'habitue de la sorte à éclairer l'œil sans hésitation, et à le maintenir dans la zone lumineuse ; on s'habitue au maniement de la lentille et à la formation de l'image ; enfin on apprend à connaître la direction en dehors de laquelle il est impossible de rencontrer la papille.

En ce qui concerne l'œil du bœuf, le procédé qui vient d'être exposé ne donnerait pas de résultats bien satisfaisants, attendu que, normalement, la papille ne se distingue déjà presque pas de la choroïde, et que, après la mort, les vaisseaux rétiniens à peu près vides de sang ne sont guère visibles. Afin de prendre aisément une idée nette du fond de l'œil des animaux pourvus d'artères et de veines rétiniennes volumineuses, il suffit de s'adresser au mouton vivant chez lequel l'exploration est réellement des plus faciles. En admettant que l'on ne tombe pas d'emblée sur la papille, on ne tardera guère à rencontrer un ou des vaisseaux qu'il suffira de suivre dans la direction centripète pour y arriver promptement.

### Diagnostic.

Après avoir, ainsi que je l'ai fait, passé en revue les lésions diverses que peuvent présenter les membranes et les milieux oculaires, — après avoir décrit les principaux symptômes qui caractérisent leurs affections, je crois inutile d'insister sur le diagnostic de chacune de celles-ci, car je ne pourrais que me répéter. Toutefois, me plaçant au double point de vue du pronostic et de la médecine légale, je crois devoir indiquer les maladies qui sont sujettes à récidive, et rappeler en même temps les noms de quelques-unes de celles qui peuvent donner lieu au développement de l'*ophthalmie sympathique*. On sait que les unes et les autres constituent autant de *fluxions périodiques*.

Peut-être, quelques confrères trouveront-ils que cette opinion nous éloigne beaucoup des hippiâtres, pour qui la *lunatique* était caractérisée successivement par le trouble des humeurs, la formation de la tache ou du dépôt *feuille-morte*, et le retour plus ou moins complet de l'œil à son état primitif? -- Je suis le premier à le reconnaître, car il est incontestable que nous arrivons à considérer comme rédhibitoires bon nombre d'affections où les symptômes ci-dessus ne s'observent pas, ou ne s'observent qu'en partie. La faute, si elle existe, ne saurait être imputée qu'à nos auteurs qui, observant mieux que leurs devanciers, ont attribué, à la *fluxion périodique*, quantité de symptômes passablement contradictoires, ainsi que je l'ai établi, et dont les hippiâtres n'avaient aucune idée : il suffit, pour s'en convaincre, de se reporter à leurs descriptions par trop sommaires.

Nos auteurs ont donc modifié peu à peu l'opinion générale, et je crois qu'à l'heure actuelle, il existe peu de vétérinaires qui hésiteraient à déclarer atteint de *fluxion*, le cheval qui présenterait une forme *quelconque* de l'ophthalmie *interne*, s'il la voyait récidiver, ou atteindre l'autre œil, ou enfin, se porter alternativement d'un œil sur l'autre.

Cette pratique me paraît, du reste, avoir eu la plus heureuse influence sur nos races chevalines, en obligeant les éleveurs à tenir compte de l'état de la vue chez les reproducteurs ; elle doit donc, à mon avis, être maintenue dans toute sa rigueur, jusqu'au jour où les affections oculaires étant devenues une rareté, on pourra sans inconvénient, faire disparaître de la loi un vice qui se développe souvent — il faut bien le reconnaître — sous l'action de causes *occasionnelles* imputables uniquement à l'acheteur.

Les fatigues du voyage, l'arrivée dans une localité humide, les refroidissements éprouvés depuis la vente, constituent les principales de ces causes : dans de telles conditions, il est permis de se demander s'il est juste que le vendeur supporte, à lui seul, les conséquences de la manifestation de la maladie ? Ne pourrait-on pas atténuer la gravité de ces conséquences en faisant, par exemple, supporter la perte et les frais, moitié par l'acquéreur et moitié par le vendeur ? De cette façon, l'acquéreur tout en étant tenu à plus d'attention dans le choix de ses animaux, se trouverait intéressé à ne pas placer ceux-ci dans des conditions défavorables. — Je me borne à émettre cette idée au moment même où la question de la révision de la loi du 20 mai 1838 est à l'ordre du jour.

Dans la catégorie des affections *sujettes à récidive*, je place les suivantes observées sur un œil pendant l'état aigu, ou décelées par les lésions que laisse après lui *l'accès* :

1° la *kératite interstitielle grave*, et la *kératite totale* ;

2° la *sclérite* et, en général, *toutes les affections plus ou moins complexes dans lesquelles elle entre comme élément* ;

3° *l'iritis exsudative* ;

4° l'*irido-cyclite* et l'*irido-capsulite* ;

5° la *cyclite exsudative postérieure* et la *choroïdite antérieure (irido-choroïdite)* ;

6° la *choroïdite postérieure* ;

7° les différentes variétés de *glaucome* ;

8° l'*hypopion* tel que je l'ai défini, et, d'une manière générale, *toute maladie monoculaire se traduisant par la couleur jaune-verdâtre, soit d'un dépôt ou d'un exsudat, soit de l'iris lui-même* ;

9° la *cataracte capsulaire* et la *cataracte mixte spontanées*, avec ou sans luxation du cristallin ;

10° les *troubles et dégénérescences du corps vitré*.

Dans toutes ces maladies, l'œil est assez altéré pour ne pouvoir reprendre son intégrité première : il en résulte, indépendamment de toute prédisposition antérieure, une plus grande sensibilité à l'action des causes — même de peu d'intensité ; aussi les rechutes ou récidives sont-elles à peu près inévitables.

Parmi les maladies dont l'énumération précède, il en est qui peuvent développer l'*ophthalmie sympathique*; ce sont surtout celles où la *sclérite* joue un rôle marqué : ainsi, par exemple, la *phthisie* oculaire consécutive à la *scléro-choroïdite* qui s'est développée soit spontanément, soit à la suite du traumatisme de la région ciliaire ou de son voisinage.

Dans un grand nombre de circonstances, la *sclérite générale* ou *partielle*, *isolée* ou *combinée* développe dans les deux yeux une sorte de *sympathie réciproque*, suivie de la manifestation de l'ophthalmie alternative ou à bascule : ce qui se produit notamment dans le cas de glaucome chronique.

L'*irido-cyclite*, l'*irido-choroïdite* donnent également lieu à cette ophthalmie.

C'est l'ophthalmie sympathique réciproque ou alternative qui se présente à l'observateur dans les divers cas suivants :

1º les deux yeux sont attaqués successivement ;

2º les deux yeux sont atteints d'accès quasi-simultanés, mais dont l'intensité, la durée et les lésions consécutives ne sont pas les mêmes ;

3º l'un des yeux présente des lésions anciennes, et l'autre un état aigu :

4º on rencontre dans les deux yeux des lésions chroniques différentes : du moins, aussi longtemps que la maladie n'est pas arrivée à sa dernière période.

Dans ces diverses circonstances, *toute ophthalmie* SPONTANÉE devra donc être classée parmi les *fluxions périodiques*.

En définitive, on voit que celles-ci sont nombreuses, et, bien souvent, le diagnostic pourra être porté par voie d'exclusion en ayant égard aux considérations suivantes :

Dans les cas si fréquents où l'on observe uniquement les symptômes de la maladie que nous avons appelée *iritis simple* ou *aquo-capsulite*, — laquelle, on s'en souvient, s'accompagne de *kératite interstitielle bénigne*, — l'œil devant revenir complètement à son état normal, la récidive ne peut résulter que du renouvellement de la cause, aussi est-elle peu à craindre. Toutefois, l'expert agira prudemment en laissant écouler, à partir de la fin de l'accès, un délai de trente jours avant de se prononcer.

La *cataracte nucléaire* ne présentant jamais ni symptômes aigus dans le cours de son développement, — à moins qu'elle ne soit consécutive au traumatisme, — ni intermittence, ne peut pas être considérée comme *fluxion périodique*.

Nous avons vu que *l'amaurose* n'est qu'un symptôme ; on devra donc la rattacher à la maladie dont elle est l'expression.

Envisagés au point de vue médico-légal, tous les cas de cécité — quelle qu'en soit l'origine — ne sauraient servir de base à l'action rédhibitoire, puisque la maladie existante ne peut avoir de terminaison plus funeste que la perte de la vue.

J'en dirai autant à propos des animaux qui ont perdu un œil, — même à la suite de nombreux accès. Toutefois, si cet œil présente des lésions capables de réagir sur son congénère, on sera autorisé à considérer comme *ophthalmie sympathique* — et, par conséquent, comme vice rédhibitoire — toute affection interne spontanée *même légère*, de l'œil resté sain jusqu'alors.

En ce qui concerne *l'ophthalmie symptomatique*, nous avons vu que certains auteurs ne la considèrent pas comme étant sujette à récidive, tandis que d'autres sont d'un avis opposé.

Des opinions à ce point contradictoires, et émanant d'hommes également compétents, me paraissent une preuve que cette maladie n'affecte pas en toutes circonstances une forme unique. Je l'ai observée moi-même sous la forme d'*aquo-capsulite*, avec dépôt blanchâtre ou même *feuille-morte* ; mais je dois dire que je ne l'ai pas vue se renouveler.

J'ai aussi fait connaître deux cas d'*iritis exsudative* double de la face antérieure, que j'ai eu l'occasion de constater sur un cheval et un chien : ces animaux ayant succombé à la principale affection, je ne puis savoir ce qui serait arrivé en cas de survie.

Dans le cas où l'ophthalmie symptomatique récidive, il me paraît infiniment probable qu'elle doit affecter l'une des formes que j'indique plus haut comme constituant autant de *fluxions périodiques*.

Mais je dois dire que, envisagée au point de vue médico-légal, l'ophthalmie symptomatique ne me paraît pas constituer un vice rédhibitoire. Au moins faudrait-il, pour la considérer ainsi, que l'on observât une récidive ne se rattachant à aucun autre état pathologique.

E). — *Etiologie.*

En dehors des irritations physiques ou mécaniques, les causes des affections oculaires ne sont pas beaucoup mieux connues chez l'homme que chez les animaux. Cependant, d'après la doctrine de Beer, la plupart des maladies inflammatoires de l'œil ont une origine *constitutionnelle*; et, pour Follin, cette opinion ne serait pas éloignée de la vérité. D'autre part, je constate que les ophthalmologistes admettent que le glaucome se transmet souvent par *voie héréditaire*; ils admettent aussi que la *diathèse rhumatismale* prédispose à la sclérite, à l'iritis, à la choroïdite, dont le *froid humide* constituerait la cause occasionnelle.

Le scléro-choroïdite se montrerait de préférence chez les *jeunes gens lymphatiques, scrofuleux*.

Les *irritations extérieures* pourraient développer la kératite interstitielle *plus grave* chez les individus *mal nourris* ou *affaiblis*. L'iris serait susceptible de participer à l'inflammation.

On a aussi constaté que l'irritation des troncs nerveux de la cinquième paire, produit instantanément une forte augmentation de la tension de l'œil. Les glaucomes consécutifs à des *névralgies dentaires*, ou à des *névralgies des diverses branches de la cinquième paire*, ne seraient point rares : c'est ainsi que cette affection succède souvent à la *synéchie postérieure*, parce que celle-ci est l'occasion de tiraillements douloureux exercés sur les nerfs ciliaires.

Or, en faisant connaître d'une façon sommaire l'opinion des ophthalmologistes, je viens précisément d'énumérer les causes qui ont été surtout invoquées par nos auteurs à propos de la *fluxion périodique*, et sur lesquelles il me paraît inutile de m'appesantir bien longtemps. Cependant, je ne saurais m'empêcher de rappeler l'opinion peut-être trop oubliée de Dupuy (1). Cet auteur se basant sur les phénomènes oculaires constatés par Magendie à la suite de la section de la cinquième paire crânienne, attribuait la *fluxion* à la compression des nerfs dentaires par les racines trop volumineuses des molaires. Puisque chez l'homme, le glaucome peut se développer consécutivement à des névralgies dentaires, il ne me semble nullement irrationnel d'admettre que pareil phénomène puisse se produire chez les animaux, d'autant que l'apparition de la *fluxion* coïncide souvent avec l'éruption ou le remplacement des dents.

On a toujours été frappé de la fréquence des affections oculaires chez les sujets de l'espèce chevaline, notamment chez ceux de certaines localités, alors que les animaux des autres espèces, habitant ces mêmes localités, s'en montraient à peu près exempts. Je crois qu'il faut voir là le résultat d'une idiosyncrasie particulière au cheval, en vertu de laquelle il est plus apte que les autres animaux à contracter la diathèse rhumatismale.

L'hérédité, qui n'est plus contestée, intervient aussi puissamment: pense-t-on, par exemple, que si les éleveurs en éliminant les sujets de l'espèce bovine

---

(1) *De la Fluxion vulgairement appelée périodique.*

dont les organes visuels sont irréprochables, avaient fait souche des animaux aveugles dont pour un motif quelconque ils n'auraient pu se défaire, — pense-t-on que cette espèce n'aurait pas, à la longue, présenté de nombreux individus atteints de maladies oculaires ?

Or, n'est-ce pas ainsi qu'agissaient les détenteurs de chevaux fluxionnaires ? Ne pouvant se débarrasser qu'à vil prix d'un étalon ou d'une jument aveugles, on en faisait des reproducteurs. Peu à peu par les générations successives, par la consanguinité surtout, le défaut se fixait, et devenait un caractère non seulement de *famille*, mais de *race* et presque d'*espèce*.

L'éleveur ne se rendait peut-être pas très bien compte de ce fait. Du reste, la maladie apparaissant rarement pendant la première année, les jeunes poulains se vendaient toujours aisément, et le producteur n'en demandait pas davantage.

Les animaux plus âgés pouvaient eux-mêmes être vendus entre les accès, car on n'ignore pas qu'un grand nombre d'anciennes provinces ne reconnaissaient pas la *lunatique* comme rédhibitoire : d'après M. Rey (1), le haut Dauphiné, la Gascogne, l'Armagnac, le Languedoc et le Béarn étaient à peu près les seules où la fluxion pût amener la résolution du marché.

Quelquefois, la maladie tout en étant héréditaire se montre congénitale : Hamont a vu plusieurs poulains naître fluxionnaires. D'autres fois, les animaux naissent aveugles, alors que leurs parents jouissent d'une vue excellente : c'est ainsi que j'ai constaté chez des veaux plusieurs cas congénitaux de cataracte lenticulaire double ; tout dernièrement, un de

---

(1) *Traité de jurisprudence vétérinaire.*

mes anciens condisciples, M. Justamont, me signalait trois cas de cataracte double observés sur des poulains quelques semaines après leur naissance: ces jeunes animaux issus de juments dont la vue est saine, provenaient tous d'un même étalon de l'Etat qui, selon toute apparence, doit avoir de bons yeux. Peut-être y a-t-il là un fait d'atavisme.

Si l'on joint à la transmission héréditaire les mauvaises conditions de nourriture, d'habitation et de climat dans lesquelles se trouvaient les chevaux appartenant aux générations humaines qui nous ont précédés ; — si l'on tient compte de la fatigue résultant des longs voyages qui étaient imposés généralement pendant la mauvaise saison, aux jeunes animaux, par le commerce, — toutes choses qui sont bien changées aujourd'hui, — on comprendra sans peine comment la *fluxion* avait pu prendre une extension aussi grande chez le cheval, alors que les autres animaux étaient épargnés; on comprendra enfin, comment de nos jours, les maladies oculaires se font de plus en plus rares.

En résumé, il est donc admis que les animaux peuvent présenter une prédisposition héréditaire ou acquise; de plus, chez certains, la première peut être renforcée de celle qui résulte du climat et des autres conditions hygiéniques. Les fatigues exceptionnelles, l'humidité froide et le travail de la dentition constitueraient autant de causes occasionnelles, sous l'influence desquelles on verrait se développer l'une ou l'autre des affections oculaires.

Les rechutes ou récidives reconnaissent-elles des causes spéciales ? On s'accorde généralement à considérer comme telles les adhérences morbides résultant de l'organisation des exsudats. Il est certain qu'un organe qui a conservé des traces d'un état maladif antérieur, doit être plus sensible que l'organe sain à l'action des causes morbifiques ; mais ce n'est là qu'une prédisposition de plus, et il me semble que le concours des causes occasionnelles énumérées plus haut, est de nouveau nécessaire. Voilà pourquoi le cheval *fluxionnaire*, qui arrive dans un pays moins humide, ne présente plus d'accès, et pourquoi, aussi, sa vue s'améliore plutôt que de s'affaiblir.

Une question d'étiologie intéressante au point de vue médico-légal, est celle de savoir s'il serait possible de faire développer artificiellement, sans laisser de traces appréciables des moyens employés, une maladie qui pût être prise pour une fluxion périodique ? Je ne suis pas en mesure de résoudre cette question d'une façon complète ; cependant, il résulte d'expériences que j'ai faites sur des ânes, que l'on peut, au moyen de l'application de liquides irritants, déterminer — sans laisser de traces de cette application — une inflammation de la cornée, avec injection des vaisseaux de l'épisclère, rougeur de l'iris et resserrement de la pupille. Mes essais n'ont pas été poussés assez loin pour obtenir un trouble apparent de l'humeur aqueuse ; mais je suis intimement convaincu que l'on pourrait arriver à ce dernier résultat chez le cheval.

F). — *Traitement.*

Il est *préservatif* ou *curatif.*

**Traitement préservatif**

Ce traitement découle de la connaissance des causes et peut s'énoncer en quelques lignes. Il faut :

1° Choisir des reproducteurs ayant les organes visuels absolument intacts ;

2º Débarrasser le sol, par le drainage, de toute humidité en excès ;

3º Augmenter la production des fourrages afin de pouvoir nourrir convenablement en toutes saisons ;

4º Agrandir, aérer et éclairer les écuries ;

5º Éviter d'une manière générale l'action de l'humidité froide, et, particulièrement, ne pas laisser dehors les jeunes animaux pendant les nuits brumeuses de l'automne ou du printemps ;

6º Épargner les grandes fatigues à ces mêmes animaux ;

7º Enfin, observer surtout les deux dernières prescriptions au moment de l'éruption et du remplacement des dents.

### Traitement curatif

On ne doit pas oublier que, dans la plupart des cas, ce traitement ne saurait avoir d'efficacité réelle qu'autant que les malades seront soustraits aux causes de récidive.

Nous devons l'étudier successivement dans les affections oculaires *idiopathiques, sympathiques et symptomatiques.*

A). — Le traitement curatif des maladies *idiopathiques* se résume dans les points suivants :

1º Combattre la diathèse rhumatismale dont l'existence est mise hors de doute par l'étiologie, ainsi que par les lésions si fréquentes de la coque fibreuse et des séreuses oculaires ;

2º Combattre les phénomènes inflammatoires ainsi que la tendance aux exsudations plastiques, et faire disparaître celles-ci ;

3º Prévenir la formation des adhérences de l'iris qui résulteraient de l'organisation des exsudats ;

4° Détruire ces adhérences lorsqu'elles se sont formées;

5° Dans les affections glaucomateuses, faire cesser l'excès de pression intra-oculaire ;

6° Remédier aux opacités qui mettent obstacle au passage des rayons lumineux.

1° — Les ophthalmologistes combattent la diathèse rhumatismale en provoquant de fortes transpirations par les injections sous-cutanées de chlorhydrate de pilocarpine ; en même temps, ils administrent l'iodure de potassium ou le salicylate de soude ; le malade doit être mis autant que possible à l'abri des variations de température.

Le chlorhydrate de pilocarpine est un sudorifique très puissant ; on peut l'employer en injections hypodermiques chez le cheval à la dose de dix à vingt centigrammes en solution dans dix grammes d'eau distillée.

Le salicylate de soude peut être donné au même animal à la dose de trente à cinquante grammes par jour dans les boissons : cette quantité est diminuée progressivement dès qu'une amélioration s'est produite, mais on ne doit pas cesser de suite la médication.

MM. Hocquart et Bernard conseillent dans le but de combattre la diathèse rhumatismale, l'usage du bi-carbonate de soude à la dose journalière de vingt à trente grammes continuée pendant un mois à un mois et demi.

2° — A l'inflammation, on opposera la saignée qui sera pratiquée localement autant que possible, en s'adressant à l'angulaire de l'œil, ou à la jugulaire du côté malade ; on peut aussi scarifier le chémosis. U. Leblanc conseillait les applications de sangsues.

La saignée sera renouvelée en cas de besoin ; plus tard, on aura recours aux vésicatoires ou aux sétons, soit à l'encolure, soit sur la joue.

Les dérivatifs sur le tube digestif sont utiles dans les cas où l'état de celui-ci n'en contre-indique pas l'emploi.

Lorsque le processus inflammatoire s'accomplit dans les parties antérieures de l'œil, et particulièrement dans l'épaisseur de la cornée, les fomentations fréquentes avec l'infusion chaude de camomille sont recommandées, à l'*exclusion* des astringents et des caustiques dont l'action irritante est nuisible.

On conseille aussi beaucoup, chez l'homme, les fomentations également chaudes faites avec :

> Extrait de belladone................ 3 grammes,
> Eau distillée......................... 200 —

Mettre une cuillerée à bouche de cette solution dans un grand bol d'eau chaude à 35 ou 40°.

Nos malades ne pourraient que bénéficier de l'adoption de cette pratique.

Mais lorsque l'inflammation siège dans les régions postérieures, et qu'elle s'accompagne surtout d'une forte exagération de la tension oculaire, comme dans le glaucome sur-aigu, par exemple, il y a avantage à remplacer les applications chaudes par des compresses imbibées d'eau dont la température est aussi basse que possible.

La douleur excessive peut être combattue par les opiacés sous forme de collyres : c'est ainsi que l'on emploiera la solution aqueuse d'opium au 1/12° et même à la 1/2, dont quelques gouttes seront instillées de temps en temps dans l'œil. On peut également recourir aux injections sous-cutanées de chlorhydrate de morphine pratiquées dans la région orbitaire.

L'œil devra toujours être soustrait à l'action excitante de la lumière, soit en faisant rester l'animal dans un local obscur, soit en maintenant à demeure sur l'organe malade un bandage de couleur foncée.

Lorsque la cornée commence à s'éclaircir, on emploie les insufflations de calomel, ou les applications d'une pommade contenant de l'oxyde rouge de mercure ; par exemple, la *pommade ophthalmique de Dupuytren* :

Précipité rouge .................... 1 gramme.
Sulfate de zinc .................... 2 —
Axonge............................ 96 —

ou la *pommade ophthalmique de Grandjean* :

Précipité rouge.................... 1 gramme.
Cérat............................. 4 —

On peut aussi utiliser la pommade au nitrate d'argent que Velpeau, et après lui Bernard, dans notre médecine, conseillaient même pendant la période aiguë.

La tendance à la formation des exsudats — qu'ils soient libres ou adhérents — reclame l'emploi des mercuriaux. Conformément à ce qui se pratique chez l'homme, MM. Hocquart et Bernard conseillent l'usage du calomel pendant quatre à cinq jours, et à la dose quotidienne de 5 à 10 grammes chez le cheval. Je me suis également bien trouvé des frictions faites sur la région orbitaire avec la pommade mercurielle double. En les pratiquant avec le mélange d'onguent vésicatoire et de pommade mercurielle belladonée, on tend à obtenir ce multiple résultat : *altérant, dérivatif et calmant.*

La pommade mercurielle belladonée de Velpeau est composée ainsi qu'il suit :

Onguent mercuriel double.....   30 grammes.
Extrait de belladone..........    4   —

On peut la mêler à froid dans un mortier avec une partie ou une demi-partie de vésicatoire.

Dans le but de débarrasser l'œil de l'hypopion et des dépôts formés dans la chambre antérieure, on a conseillé la paracentèse de la cornée. Lafosse fils nous apprend qu'il a pu pratiquer avec succès cette opération à plusieurs reprises sur le même animal.

Dans l'immense majorité des cas, les dépôts et l'hypopion se résorbant très vite, j'avoue ne pas voir l'utilité d'une opération qui n'aurait pour but que d'en provoquer l'évacuation ; il en serait tout autrement, ainsi que nous le verrons plus loin, si l'indication existait de diminuer la tension intra-oculaire. Je considérerais aussi comme utile une opération entreprise dans le but d'enlever la fausse membrane étendue sur la face antérieure de l'iris.

Le temps le plus difficile de cette opération consistant à pénétrer dans l'œil, je renvoie pour cela à ce qui est dit plus loin à propos de l'*iridectomie*.

Contre la cataracte, on a conseillé chez l'homme, les frictions péri-obitraires faites avec l'huile phosphorée. On ne doit pas craindre d'en laisser pénétrer entre les paupières. J'ai employé à différentes reprises ce traitement chez le chien, mais sans aucun résultat.

3° — Afin de prévenir la formation des adhérences iridiennes qui pourraient résulter de l'organisation des exsudats, on doit agir différemment selon que l'on craint la synéchie antérieure ou la synéchie postérieure.

Dans le premier cas, il est indiqué de tendre l'iris en déterminant la contraction de son sphincter : ce

résultat est obtenu par l'emploi des *myotiques*, c'est-
à-dire des médicaments jouissant de la propriété
de faire contracter la pupille. La *pilocarpine* et l'*ésérine* sont de ce nombre ; leur action étant très
fugace, on doit y revenir à plusieurs reprises dans
la journée.

On emploie de préférence la solution aqueuse de
chlorhydrate de pilocarpine au 1/30ᵉ ou au 1/50ᵉ qui
a, sur les préparations d'ésérine, le double avantage
de se conserver fort longtemps sans altération, et
de ne pas irriter la conjonctive.

Dans le but de prévenir la formation des synéchies postérieures, on fait usage des médicaments
dits *mydriatiques* : l'*atropine* ou la *duboisine*. La première est employée à l'état de sulfate, et en solution
au 1/100ᵉ ou au 1/200ᵉ ; comme elle est susceptible de
déterminer une certaine irritation de la conjonctive,
on peut la remplacer par la *duboisine* ou par un col-
lyre composé ainsi qu'il suit :

<pre>
    Extrait de belladone...........    1 gramme,
    Eau distillée....................   10   —
Filtrez.
</pre>

L'effet de la belladone est beaucoup plus durable
que celui des myotiques ; aussi est-il à peine nécessaire de renouveler chaque jour les instillations
pour maintenir l'iris en état de dilatation.

On devra continuer l'emploi de ces différents
agents jusqu'à disparition des exsudats qui avaient
fait craindre les adhérences.

4° — Lorsque par défaut de soins, ou malgré les
soins donnés, des adhérences se sont établies, il
serait indiqué de les détruire. C'est ce que font les
spécialistes chez l'homme, en séparant l'iris du cristallin (*corélysis*), ou en déchirant le bord de l'iris de-

venu friable (*iridorhéxis*), ou enfin, en excisant une portion de l'iris (*iridectomie*).

Ces opérations sont très délicates, et, par cela même, ne paraissent pas devoir entrer de sitôt dans la pratique usuelle des vétérinaires. D'un autre côté, la valeur relativement peu élevée des animaux ne permet pas de rémunérer suffisamment les soins des spécialistes qui, pour cette raison, feront probablement toujours défaut parmi nous. J'indiquerai un peu plus loin, et d'une façon succincte, le manuel de ces opérations.

5° — Dans les affections glaucomateuses, il convient de faire cesser l'excès de pression intra-oculaire, afin de soustraire au plus tôt la rétine et les nerfs ciliaires aux effets fâcheux qui en résultent.

La saignée à la jugulaire correspondante, aidée de l'emploi des dérivatifs sur le tube digestif, peut donner quelques bons résultats dans le glaucome aigu ou sur-aigu ; mais ces moyens sont de nul effet dans le glaucome chronique. Les instillations d'ésérine ou de pilocarpine passent pour diminuer, dans une certaine mesure, la tension oculaire en contractant les vaisseaux, et en s'opposant à l'exsudation qui se fait à travers leurs parois. — On pourrait combiner ces différents moyens.

L'idée du débridement de l'organe distendu, devait naturellement se présenter à l'esprit des chirurgiens ; par l'incision ou la ponction de la cornée ou de la sclérotique, on soulage le malade : des observations ont été publiées dans lesquelles on aurait réussi de cette façon à enrayer la marche de la maladie ; malheureusement, cet important résultat n'est pas toujours obtenu, même au prix de plusieurs opérations successives.

De Graefe a imaginé, pour combattre le glaucome, de pratiquer *l'iridectomie* déjà indiquée ci-dessus à l'occasion des synéchies postérieures : c'est une opération qui consiste à pénétrer dans la chambre antérieure par une incision faite près de la circonférence de la cornée, — soit à travers cette membrane, soit à travers la sclérotique. — Au moyen de pinces très déliées, on saisit l'iris par sa petite circonférence, et on l'attire au dehors ; d'un coup de ciseaux, on incise le lambeau aussi près que possible du bord ciliaire.

L'iridectomie jouit d'un grand crédit parmi les spécialistes ; elle diminuerait, dit-on, d'une façon permanente l'exagération de la pression intra-oculaire. Cependant, cette assertion ne saurait être acceptée qu'avec une extrême réserve, attendu que l'on est parfois dans la nécessité de pratiquer l'opération une deuxième fois.

Quelques chirurgiens ont émis l'opinion que, dans l'iridectomie, l'incision de la cornée ou de la sclérotique est seule nécessaire : il se formerait, d'après eux, une cicatrice filtrante par où s'écoulerait le trop plein des humeurs. D'autres, comme de Wecker, par exemple, sans rejeter complètement l'iridectomie, ont pensé que le débridement oculaire devait suffire dans les cas de glaucome hémorrhagique, ou de glaucome absolu lorsque la vision est entièrement abolie, et qu'on cherche seulement à débarrasser le malade de fortes douleurs.

Il résulte de tout cela que la valeur de l'iridectomie, comme moyen de traitement du glaucome, n'est pas unanimement reconnue. Je manque de l'expérience nécessaire pour me prononcer sur un point aussi délicat : cependant, je ne crois pas trop m'avancer en disant que les résultats différents qui ont été observés, ne peuvent dépendre que de la nature variée des cas maladifs. *A priori*, il semble que dans le glaucome sur-aigu, la paracentèse puisse suffire ; mais le résultat doit être plus prompt lorsque l'on pratique l'iridectomie, car il en résulte une saignée locale qui désemplit les vaisseaux congestionnés de l'uvée. Dans le glaucome aigu, tel que je l'ai décrit, la paracentèse de la cornée soulage momentanément, mais n'arrête pas la marche de la maladie. Dans un cas observé chez le chien, j'ai même constaté que, après plusieurs ponctions successives, les chambres s'effacent et l'humeur aqueuse ne se reproduit plus ; ce résultat peut être attribué à la forte poussée exercée par le corps vitré, dont le volume s'est considérablement accru. Ici, l'iridectomie pourrait peut-être rendre des services.

Mais, lorsque l'on a affaire au glaucome chronique dû à une rétraction active plus ou moins étendue, ou même générale de la sclérotique, quel résultat peut-on bien attendre de l'excision d'une portion de l'iris ? Par elle-même, la ponction doit soulager, et la cicatrice filtrante — si tant est qu'elle se produise — peut retarder la perte de la vision : je crois que l'on ne saurait en espérer davantage.

Tout en formulant ces appréciations, je reconnais qu'il appartient à l'expérience de prononcer en dernier ressort.

L'iridectomie a été conseillée, il y a une vingtaine d'années, contre la fluxion périodique par M. Didot, directeur de l'École vétérinaire de Bruxelles, qui assimilait cette maladie au glaucome ; mais elle ne paraît pas avoir été beaucoup pratiquée.

Plus récemment, MM. Hocquart et Bernard l'ont préconisée pour « détruire les synéchies par la section de l'iris, et réouvrir à l'aide de la kératotomie les voies lymphatiques de l'angle irido-cornéal ». Ils décrivent même avec assez de détails cette opération dont ils « conçoivent les meilleures espérances » ; malheureusement, quatre années se sont écoulées depuis le jour où leur mémoire a été déposé, et MM. Hocquart et Bernard n'ont pas encore tenu l'engagement, pris par eux, de rendre « un compte aussi détaillé que possible de leurs expérimentations et des résultats qu'elles leur auraient fournis ».

En raison de la foi qui semblait animer ces auteurs, le silence qu'ils gardent aujourd'hui ne peut qu'être interprété défavorablement, à l'égard de l'opération dont ils s'étaient constitués les champions.

J'ai déjà reconnu les bons effets que peut donner l'iridectomie dans certains cas de glaucome ; je suis également porté à admettre que l'on obtient par elle — chez l'homme, — d'excellents résultats lors de l'existence de synéchies postérieures, ou même de cataracte centrale ; mais ces résultats, tout satisfaisants qu'ils puissent se montrer, ne seraient généralement que momentanés si les opérés n'évitaient avec soin les causes de récidive : or, c'est là une condition qu'il n'est pas toujours facile de réaliser lorsqu'il s'agit des animaux.

Pour les motifs énoncés ci-dessus : difficultés opératoires qu'une pratique fréquente n'aidera pas à surmonter ; incertitude des résultats ; difficulté d'assurer le maintien de ceux-ci ; — motifs auxquels on ne saurait se dispenser d'ajouter l'indocilité des animaux, leur valeur peu élevée et leur vie relativement courte, je crois que le *corélysis*, *l'iridorhéxis* et *l'iridectomie* ne seront jamais pratiqués qu'exceptionnellement, — presque toujours dans les écoles, — et à titre plutôt expérimental. Il me paraît donc inutile d'en décrire avec détails le manuel opératoire.

Quant à la paracentèse oculaire dont les indications ont été données, et qui constitue, du reste, le premier temps de l'iridectomie, etc., elle peut être pratiquée par tout le monde, à la condition — tant il est difficile d'immobiliser convenablement le globe oculaire — de soumettre préalablement le malade à l'anesthésie. Une exception peut cependant être faite en faveur des cas où la cornée est rendue insensible par la maladie.

On peut faire la ponction en haut ou en bas, — soit sur la cornée, tout près de sa circonférence ou même sur celle-ci, soit sur le limbe scléro-cornéen, — mais toujours de façon à pénétrer dans la chambre antérieure, sans blesser l'iris.

La cornée est difficile à ponctionner; aussi est-il nécessaire, malgré l'anesthésie, de fixer l'œil en saisissant la conjonctive avec des pinces, de façon à empêcher le globe de pivoter sous la pression de l'instrument vulnérant. Celui-ci peut être une aiguille lancéolée, ou une simple lancette dont la largeur est proportionnée à celle de l'ouverture que l'on veut faire. Afin de ne pas léser l'iris, il me paraît nécessaire, dès que la pointe de l'instrument est fixée par une légère pénétration, de donner à ce dernier une direction parallèle à la surface de la membrane que l'on veut respecter : perforer la cornée perpendiculairement, et ne changer qu'ensuite la direction de l'instrument, me semblerait peu prudent.

On évitera avec grand soin d'exercer la moindre pression au moyen des pinces qui fixent le globe; il est également recommandé de ne retirer qu'avec lenteur l'instrument qui a servi à effectuer la ponction, afin que l'humeur aqueuse ne s'écoule pas trop vite, car la congestion des vaisseaux s'en trouverait favorisée.

L'opération ne comportant qu'un temps, se trouve donc assez vite terminée ; on peut la renouveler au besoin. Il est utile ensuite de maintenir l'œil fermé au moyen d'un bandage, ou tout au moins est-il nécessaire de placer l'animal dans l'obscurité. La cicatrisation n'exige que deux ou trois jours.

Si la paracentèse de la chambre antérieure avait pour but de permettre l'enlèvement de fausses membranes formées à la surface de l'iris, on irait à leur recherche au moyen de pinces à mors très déliés, et l'on s'efforcerait de les détacher sans léser le diaphragme oculaire. Les mêmes pinces pourraient être utilisées pour rompre les adhérences de l'iris (*corélysis*), ou pour déchirer les bords de celui-ci si les adhérences étaient trop fortes (*iridorhéxis*), ou enfin, pour en amener à l'extérieur un lambeau que l'on exciserait ensuite (*iridectomie*).

6° — Des opacités permanentes de la cornée ou du cristallin peuvent mettre obstacle au passage des rayons lumineux. Lorsqu'elles n'occupent les unes ou les autres qu'une situation centrale, on y remédie, chez l'homme, par la création d'une pupille artificielle qui correspond à une partie restée transparente, de l'organe affecté. Cette opération qui n'est autre que l'iridectomie, me paraît être du nombre de celles que l'importance du résultat autoriserait à tenter, *mais seulement chez un animal aveugle.*

Quant à la cataracte complète, tout le monde connaît les différentes méthodes opératoires par lesquelles il est possible de restaurer la vision ; mais chacun sait aussi que l'œil a perdu presque entièrement sa propriété de réfraction, ce qui oblige à y remédier par l'usage de verres convexes.

On ne peut pas faire porter des lunettes à un animal, et, d'autre part, il verra très imparfaitement s'il en reste dépourvu ; le cheval, comme tout autre sujet des grandes espèces, sera donc ombrageux et, par suite, d'un usage peut-être dangereux : pour ces motifs, il n'y a aucun avantage à tenter chez les grands animaux cataractés l'opération que semble réclamer leur état. Le chien, seul, pourrait en bénéficier, car, chez lui, l'odorat vient en aide à la vue.

Des considérations d'ordre exclusivement pathologique corroborent, du reste, l'opinion qui vient d'être exprimée : en effet, chez le cheval, la cataracte est presque toujours capsulaire ou mixte, en même temps qu'elle n'existe guère sans d'autres lésions capables de porter une grave atteinte à la vision. Chez le chien, au contraire, la cataracte est le plus souvent lenticulaire et existe seule, ce qui permet d'employer chez lui soit l'*abaissement*, soit l'*extraction*.

Je ne m'arrêterai pas à décrire ces méthodes opératoires sur lesquelles peuvent renseigner tous les ouvrages de chirurgie.

B). — ***Traitement de l'ophthalmie sympathique***. — Cette maladie ayant son point de départ dans l'état de l'autre œil, on conseille et on pratique chez l'homme l'énucléation de l'œil atteint d'une affection pouvant provoquer le développement de l'ophthalmie sympathique. « Wardrop raconte que les maquignons anglais avaient observé que chez le cheval, un œil étant perdu par une certaine maladie, le second finit ordinairement par être atteint également, et qu'ils prétendaient conserver le second œil en détruisant le premier, ordinairement par des procédés opératoires très rudes. Wardrop se convainquit de la justesse de cette observation faite sur le cheval, et il exprima l'idée que dans certains cas, la même conduite pourrait être applicable à l'homme... Mais ce traitement de l'ophthalmie sympathique ne se répandit qu'en 1841, quand Bonnet montra qu'on peut énucléer facilement l'œil, etc. (1) »

Je suis heureux de reproduire ce passage qui prouve que la méthode de traitement dont il s'agit, n'est en définitive qu'une imitation — un perfectionnement, si l'on veut, — de ce qui était pratiqué sur le cheval, non par les maquignons, mais par les vétérinaires de la première moitié de ce siècle. En effet, les observations de Wardrop remontent à 1840 environ, et longtemps avant cette époque (2), U. Leblanc conseillait déjà de sacrifier l'organe le plus malade, en rendant sa cornée complètement opaque par l'insufflation répétée de poudres irritantes.

L'énucléation de l'œil sympathisant ferait disparaître comme par enchantement les symptômes de l'irritation sympathique, et arrêterait dans son développement l'ophthalmie confirmée.

Cependant, il faut bien dire que dans quelques cas rares, cette opération a empiré une ophthalmie sympathique existante ; on l'accuse même d'avoir fait naître une telle affection qui faisait encore défaut. On peut répondre, à cela, qu'il existe bien peu de méthodes curatives qui se montrent constamment et absolument sûres dans leurs résultats.

Quoi qu'il en soit, il est généralement admis aujourd'hui, que le sacrifice de l'œil sympathisant constitue le moyen le plus efficace de combattre l'ophthalmie sympathique, et, d'après ce qui a été dit plus haut, le résultat se montre d'autant plus satisfaisant que cette dernière affection est plus rapprochée de son début, et qu'elle a laissé moins de traces de son passage.

---

(1) Nuel, OPHTHALMIE SYMPATHIQUE, *loc. citat.*
(2) U. Leblanc, *Traité des maladies des yeux*, 1824.

On persuadera, sans doute assez difficilement, les propriétaires de la nécessité de laisser extirper un œil, dont il serait permis de craindre l'influence fâcheuse sur son congénère, aussi longtemps que cette influence n'aura pas commencé à se faire sentir; il convient d'ajouter que, malgré les apparences les plus défavorables, l'ophthalmie sympathique peut très bien ne pas se développer. Mais au moindre signe d'irritation de l'œil resté sain jusqu'alors, on devra insister pour faire l'opération qui, désormais, est seule capable de le préserver.

Dans le cas d'ophthalmie alternative, il serait indiqué de sacrifier l'organe le plus malade: U. Leblanc a pu, en opérant comme il est dit plus haut, conserver la vue à des chevaux qui, selon toutes probabilités étaient destinés à devenir aveugles.

Je n'ai pas à décrire l'énucléation de l'œil, qui n'offre aucune difficulté. Je me bornerai donc à conseiller de ménager autant que possible les muscles, afin de ne pas vider complètement la cavité orbitaire. On peut ensuite, par l'application d'un œil artificiel, dissimuler dans une certaine mesure l'infirmité de l'animal.

Dans le but d'obtenir le résultat que donne l'énucléation, tout en conservant le globe oculaire, on a proposé ce que l'on appelle l'*énervation* de l'œil : c'est une opération qui consiste à sectionner les nerfs ciliaires et le nerf optique à leur arrivée vers le pôle postérieur. Il faut, pour cela, faire pivoter le globe en haut et en dedans, de façon à amener à la portée de l'instrument les organes qu'il s'agit de diviser. Cette opération n'a pas encore été — que je sache — tentée, au point de vue thérapeutique, dans notre chirurgie.

C). — *Traitement de l'ophthalmie symptomatique*. — Quelques mots suffiront à propos de ce traitement, qui consiste surtout à combattre la maladie primitive. Toutefois, il sera bon de ne pas négliger les soins locaux, pour le choix desquels on pourra s'inspirer de ce qui a été dit à l'occasion de l'ophthalmie idiopathique.

Je suis arrivé à la fin de la tâche que je m'étais imposée. Possédant de nombreuses observations, j'aurais pu les publier à l'appui de mon étude sur l'*Ophthalmie interne* : je ne l'ai pas fait parce que c'eût été reproduire, — notamment et sous une autre forme, — l'anatomie pathologique et la symptomatologie qui ont été rédigées presque exclusivement d'après les données fournies par ces mêmes observations.

En demandant ainsi la presque totalité de mes renseignements à l'organe malade lui-même, je crois avoir donné à mon travail quelque valeur pratique, en même temps qu'une certaine originalité.

# TABLE DES MATIÉRES.

T. préservatif, 274 ; — T. curatif, 275 ; (*id*. des affections oculaires idiopathiques, 275 ; *id*. de l'ophthalmie
sympathique, 287 ; — *id*. de l'ophthalmie symptomatique, 290).